地基遥感垂直气象观测系统观测技术指南

中国气象局气象探测中心

气象出版社
China Meteorological Press

内容简介

本书系统介绍了地基遥感垂直观测技术的发展及构成新一代地基遥感垂直观测系统的风廓线仪、毫米波测云仪、地基微波辐射计、气溶胶激光观测仪（三波长）、GNSS/MET 五类新型地基遥感设备。全书从垂直观测技术发展、设备原理与性能、数据处理、产品体系等方面进行阐述，力求为观测员和预报员解决新型地基遥感设备使用中遇到的技术问题、规范流程，提高大气垂直廓线观测数据的质量和精度，掌握产品的适用范围和应用场景，更好地发挥地基遥感垂直观测系统的效益。

本书可供地基遥感观测员和预报员，以及科研院所、相关高校的科研人员和师生等参考。

图书在版编目（CIP）数据

地基遥感垂直气象观测系统观测技术指南 / 中国气象局气象探测中心编著. -- 北京 ：气象出版社，2024.
6. -- ISBN 978-7-5029-8227-0

Ⅰ. P41-62

中国国家版本馆 CIP 数据核字第 2024TJ7454 号

地基遥感垂直气象观测系统观测技术指南

DIJI YAOGAN CHUIZHI QIXIANG GUANCE XITONG GUANCE JISHU ZHINAN

出版发行：气象出版社

地　　址：北京市海淀区中关村南大街 46 号		邮政编码：100081	
电　　话：010-68407112（总编室）　010-68408042（发行部）			
网　　址：http://www.qxcbs.com		E-mail：qxcbs@cma.gov.cn	
责任编辑：隋珂珂		终　审：张　斌	
责任校对：张硕杰		责任技编：赵相宁	
封面设计：艺点设计			
印　　刷：北京建宏印刷有限公司			
开　　本：787 mm×1092 mm　1/16		印　张：10.75	
字　　数：280 千字			
版　　次：2024 年 6 月第 1 版		印　次：2024 年 6 月第 1 次印刷	
定　　价：88.00 元			

《地基遥感垂直气象观测系统观测技术指南》
编委会

主　　任：张雪芬　邵　楠

编　　委：赵培涛　杨荣康　雷　勇　吴　蕾　陈玉宝

编写组

主　　编：陶　法　茆佳佳

副 主 编：季承荔　胡树贞

编写人员（按姓氏笔画排序）：

王志成　任晓毓　任　雍　李　俊　李晓波

杨馨蕊　步志超　吴雪菲　张　婷　张　璇

陈子健　周　懿　赵世颖　高士禹　徐鸣一

崔丽曼　梁　宏　董立亭　焦志敏　窦　刚

黎　倩

统稿和校对：任晓毓

前　言
PREFACE

　　大气垂直结构探测是综合气象观测系统的核心,是现代大气科学产生、发展的基础,对流层乃至平流层的温度、水汽、气压、风和水凝物,是大气热力学、动力学、物理学的基本变量,是当前气象和气候系统发生、发展的主要表征。

　　随着中国气象业务现代化建设的发展,地基遥感垂直气象观测技术与装备进入飞越发展的关键时期。由多种新型地基遥感垂直气象观测设备(风廓线仪、毫米波测云仪、地基微波辐射计、气溶胶激光观测仪(三波长)、GNSS/MET)组成的地基遥感垂直气象观测系统,在全国高空气象观测台(站)逐步完成建设并投入业务应用。

　　为深入贯彻落实习近平总书记关于气象工作的重要指示精神,扎实推进国务院印发的《气象高质量发展纲要(2022—2035 年)》实施,对标"监测精密、预报精准、服务精细"要求,指导规范气象业务部门和高校及科研院所等应用单位在掌握垂直观测相关理论知识的基础上,正确运用地基遥感垂直观测技术开展相关应用和研究工作,中国气象局气象探测中心于 2022 年成立编写组,兼顾地基遥感垂直气象观测技术现状与中国气象部门服务领域的发展需求,结合地基遥感垂直气象观测业务要求,坚持"立足当前、面向未来"的编写原则,广泛收集整理资料、反复论证修改、多方征求意见,完成了《地基遥感垂直气象观测系统观测技术指南》(以下简称《技术指南》)的编写。

　　《技术指南》主要围绕已经纳入地基遥感垂直气象观测业务的风廓线仪、毫米波测云仪、地基微波辐射计、气溶胶激光观测仪(三波长)、GNSS/MET 五类观测设备,介绍了地基遥感垂直气象观测技术的中外进展、对气象观测和预报的作用、新一代地基遥感垂直观测系统设计、设备观测方法原理和性能指标、数据处理方法、产品体系和应用案例等方面内容。

　　《技术指南》以相关国家标准、气象行业标准和规范性文件为依据,结合中国气象局气象探测中心多年来在设备质量控制体系建设和产品体系建设方面取得的丰富成果以及典型应用案例,同时调研了中外学者的科研成果编制而成。《技术指南》适用于中国气象局统一布设的地基遥感垂直气象观测业务,以及风廓线仪、毫米波测云仪、地基微波辐射计、气溶胶激光观测仪(三波长)、GNSS/MET 单设备,为广大气象观测人员和产品应用人员提供技术参考,从而提高对新型地基遥感观测设备数据处理、产品应用的规范性,提高大气垂直观测数据质量和精度,充分发挥系统的效益。

　　本书共包含 6 章内容,全书总体思路框架设计、主要内容安排以及书稿的审稿、定稿等工作由陶法、茆佳佳、季承荔、胡树贞、任晓毓完成。第 1 章为概述,由焦志敏、高士禹、吴雪菲执笔完成。第 2 章为第一代地基遥感垂直观测系统,由陶法、李俊、任雍、董立亭执笔完成,第 3

章为地基遥感垂直观测设备,由胡树贞、杨馨蕊、步志超、梁宏、茆佳佳、王志成、赵世颖、窦刚执笔完成。第 4 章为数据处理,由杨馨蕊、茆佳佳、胡树贞、梁宏、步志超、任晓毓、李晓波执笔完成。第 5 章为产品和应用,由季承荔、周懿、焦志敏、徐鸣一、张婷、崔丽曼、黎倩、陈子健、张璇执笔完成,第 6 章存在问题和展望,由茆佳佳、陶法执笔完成。

由于时间仓促且编写人员水平有限,随着地基遥感垂直气象观测业务的持续发展,书中难免有不妥之处,敬请有关专家及读者提出宝贵意见和建议。

编者
2023 年 11 月 8 日

目 录
CONTENTS

第1章 地基遥感垂直观测概述

1.1 垂直观测

在气象观测领域,除了大家熟悉的卫星、雷达、地面等观测手段外,"垂直观测"则较少被提及。那么,什么是垂直观测呢?

垂直观测是指地面至边界层、对流层乃至平流层以上垂直大气柱内(地面至 70 km 到 100 km),以温度、湿度、风、水凝物和气溶胶等五条廓线探测为主体,兼顾辐射、大气成分等气象要素的综合观测。

根据气象观测各类应用场景进行要素归类,按照世界气象组织(WMO)应用领域分为 14 类,即全球数值天气预报、高分辨数值天气预报、短临预报、季节和年际预报、航空气象、大气成分预报、大气成分监测、城市大气成分应用、海洋应用、农业气象、水文、气候监测、气候应用、空间天气。基于上述应用需求,垂直气象观测仪器/观测类型和观测要素如表 1.1 所示:

表 1.1 垂直气象观测仪器/观测类型和所测量的大气物理变量

仪器/观测类型	大气物理变量和现象
高空天气和气候观测	风、温度、湿度、气压
基于飞机的观测	风、温度、气压、湿度、湍流、积冰、降水、火山灰和气体、大气成分变量(云、气溶胶物理特性和化学成分、臭氧、温室气体、降水化学变量、活性气体)
遥感高空观测	风、云底和云顶、液态云、温度、湿度、气溶胶、雾、能见度
大气成分高空观测	大气成分变量(气溶胶特性、臭氧、温室气体、降水化学变量、活性气体)
GNSS 观测	总柱水汽、湿度、雪深、土壤水分、雪水当量
自动船载高空观测(ASAP)	风、温度、湿度、气压
无人机	风、温度、湿度、大气成分、雪深、河道形态、痕量气体和气溶胶浓度
吊篮观测	风、温度、湿度
低成本传感器	气溶胶、活动气体和温室气体浓度
地基和星基遥感观测结合	风、温度、湿度、气溶胶、大气化学
小卫星观测	风、盐度、海面高度、海冰厚度、积雪深度、土壤湿度、植被含水量

*摘自《WMO 全球综合观测系统 2040 年愿景》。

地基遥感垂直气象观测,即遥感高空观测,指通过主动或被动遥感方式,对地面以上一定范围内大气热力和动力气象要素(温度、湿度、风、水凝物、气溶胶、大气可降水量等)的变化过程进行综合连续观测,为天气分析、数值预报、环境监测、云微物理研究等领域提供重要的基础支撑。

1.2 国内外进展情况

1.2.1 国内外地基遥感垂直技术的发展

大气科学是一门实验性非常强的学科,其进步在很大程度上依赖于大气探测能力的提升。长期以来,人们为了探究大气的变化规律,一直进行着不懈的努力。1927年无线电探空仪的发明开启了对大气廓线(温、压、湿、风)观测的新篇章,这种探测技术的应用,构筑了无线电探空(大气廓线)网,由此气象学家发现了大气环流、冷暖气团,建立了锋面学说等重要的气象学理论。无线电探空仪探测大气垂直廓线是大气科学发展的里程碑。

由无线电探空站构成了全球探空网,在大气科学、天气预报中发挥了重要作用。受成本等因素影响,国内外探空每天不超过4次,间隔最少6 h。用卫星所携带的红外分光计和微波辐射计进行遥感可以反演大气垂直廓线,但垂直分辨率和精度都受到一定限制,采用双星组网对同一地点的观测时间分辨率最高只能达到6 h间隔,均不能满足中小尺度灾害天气预报和研究的需要。

随着全球气候变化的不断加剧,气象灾害发生越来越频繁,每年暴雨、冰雹、大风等灾害天气给人民群众的生命、财产均造成了重大损失。准确的灾害天气预报对减少和避免灾害损失意义重大,但目前灾害天气预报准确率平均不到30%。如北京"7·21"特大暴雨事件中,发生暴雨的天气形势预报较准确,但其降水强度、落点、持续时间等关键信息未能准确预测,预报精细化程度仍不高。本质上在于对中小尺度天气发生、发展的规律和机理掌握得不够,首先是对大气廓线探测能力不足。要想对中小尺度灾害天气进行全面研究,充分探究其内部动力和热力过程的演变,离不开精确连续的大气廓线探测。

国内外廓线探测研究均表明,采取多种遥感手段获取高时空分辨率的大气廓线能提升单一设备观测大气廓线的能力,这将是今后大气廓线观测的发展趋势。

从2016年起,中国气象局气象探测中心结合中国超大城市精细化预报服务发展的实际需求,建设性地提出了超大城市综合气象观测试验项目。通过观测试验遴选出最佳技术体制的垂直观测设备(Ka波段毫米波测云仪、微波辐射计、风廓线仪、气溶胶激光观测仪(三波长),在北京、上海和广州三个超大城市建设了13个垂直观测超级站,开展了5 a基于新型地基遥感的风、温、湿、水凝物(云和降水)、气溶胶等"五条廓线"连续观测试验,发展和建立了以超大城市试验为基础的地基遥感廓线站网布局、数据质控、协同观测等技术、方法和产品体系,发挥了垂直观测产品在重大气象服务保障中应用效益,推进了遥感资料在数值模式中的同化应用,改进了降水预报效果,形成了设备系列标定、质量控制、协同观测方法及50多种分钟级垂直新产品和融合实况分析场等全链条成果,成为地基遥感垂直观测业务建设的重要支撑。

1.2.1.1 毫米波测云仪

自20世纪40年代开始,国际上就开展了毫米波测云技术的研究。50年代国际上开发出用于机场交通管制和船用导航的Ka波段(26.5~40 GHz)毫米波雷达。不过,由于技术和成本上的原因,特别是毫米波器件技术和加工工艺等问题,毫米波雷达的发展一度受到限制和停顿。在毫米波雷达关键技术问题中,雷达发射机的发射功率和工作效率、接收机的低噪声放大和低损耗混频以及高增益高效率天线的设计和制作等,在很大程度上限制了毫米波雷达的作用距离和探测能力,使得毫米波雷达难以满足实际使用需要。进入 20 世纪 70 年代中期后,随着毫米波理论与技术,特别是新型毫米波器件技术的发展,如:大功率毫米波电真空器件(磁控管、行波管等)、毫米波固态器件(如雪崩二级管、耿氏二级管、肖特基二极管等),使得毫米波雷达技术得到迅速的发展和应用。

　　近 30 多年来,美、日、英、德、法等国开展了各类毫米波气象雷达系统的研究,相继研制出 Ka 波段和 W 波段地基毫米波气象雷达系统。美国在军用雷达气象应用的同时开展了毫米波气象雷达的研制工作。1947 年,美国空军研制出了工作于 Ka 频段的毫米波气象雷达(AN/TPQ-6),可用于测量云层的高度等。之后,美国一直对该毫米波气象雷达系统不断完善,到 20 世纪 60 年代研制出了 AN/TPQ-11 型毫米波气象雷达并进行了小批量生产,成为国际上最早投入使用的毫米波气象雷达。然而,受当时元器件和材料等条件限制,该款毫米波气象雷达在之后的很长时间里未得到进一步改进和发展。直至 80 年代,Hobbs 等开始对 AN/TPQ-11 型毫米波气象雷达进行升级改造,分别增加了多普勒探测、双极化(线极化和圆极化)扫描等功能,并开始用于观测风暴云结构等。1987 年,Lhermitte 首次研制出了探测云的 94 GHz 毫米波气象雷达,用于研究层积云的物理结构,并首次证明 94 GHz 毫米波气象雷达在弱气象目标物探测方面的优势和潜力。90 年代,美国微波遥感实验室又研制出更加先进的机载 94 GHz 毫米波多普勒极化云雷达,用于观测云体的各种云物理参数。之后其又研制出了 35/94 GHz 双波段毫米波气象雷达系统,该雷达系统可以定向或扫描观测云内冰、过冷水和雨滴谱等微观特性。另外,美国于 90 年代还设立了大气辐射测量计划(Atmospheric radiation measurement program,ARM),在几个气候变化区域部署无人值守的 35 GHz 毫米波气象雷达,用于观测非降水云和弱降水云。2000 年以后,ARM 计划又将毫米波气象雷达的工作频率提高到 94 GHz。美国国家航空航天局(NASA)于 2006 年还发射了首颗搭载 94 GHz 毫米波气象雷达的地球科研探测卫星,这是首次将毫米波气象雷达用于天基观测,提高了对全球云层的探测能力。德国 GKSS 研究中心于 1999 年研制出 94 GHz 毫米波气象雷达,用于观测层状云等。英国于 20 世纪 90 年代后期研制出了 Copernicus(35 GHz)和 Galileo(94 GHz)两部毫米波气象雷达系统,该雷达被安装在 Chilbolton 观测场,用于云降水物理的研究,目前仍在服役中。此外,英国雷丁大学于 2004 年研制出了 35 GHz 地基毫米波气象雷达 Rabelais,用于研究层积云底部细雨的微物理特征等。日本主要对 Ka 波段地基毫米波气象雷达以及 W 波段机载毫米波气象雷达进行研究和开发。2003 年,日本京都大学联合三菱公司研制出了 Ka 波段毫米波多普勒气象雷达,用于雾的观测,该雷达可以观测海雾的三维结构。日本国家通信研究机构(NiCT)也研制出了 95 GHz 机载毫米波气象雷达 SPIDER,其扫描角度为 −40°～95°,峰值功率达 1.6 kW,可用于飞机飞行安全预警以及研究云的物理特性等。法国和意大利于 2016 年共同提出了一种低造价的 95 GHz 毫米波多普勒云雷达 BASTA,通过连续发射较低的能量和特定的信号处理技术,获得了高质量的云雾测量结果。

　　自 2006 年以来,中国在毫米波气象雷达研究和开发方面也取得一系列重要成果,相继研制出 Ka 波段和 W 波段地基毫米波气象雷达以及 W 波段机载毫米波气象雷达等。2006 年安徽四创电子公司和空军第七研究所联合研制出 35 GHz 毫米波气象雷达,用于云内积冰的观测;2013 年,在国家"863"项目"机载气象雷达云雨探测系统"支持下,又研制出 94 GHz 机载毫米波气象雷达系统,并在国产运七飞机上完成了飞行试验。2007 年中国气象科学研究院与中国航天科工集团联合研制出 35 GHz 地基毫米波气象雷达,用于观测云降水、台风、降雪等;

2013 年,又进一步实现了该毫米波气象雷达的全固态化。2008 年南京电子技术研究所研制出 Ka 波段毫米波中频相参气象雷达系统,并在南京、北京和内蒙古等地进行了测试。南京信息工程大学雷达技术研究所于 2013 年研制出 94 GHz 地基毫米波云雷达系统,并进行了地面气象探测试验。

1.2.1.2　风廓线仪

风廓线雷达技术的研制开始于 20 世纪 60 年代末期。苏联物理学家塔塔尔斯基领导的研究小组在做湍流介质中的电磁波散射相关研究时推导出了电磁波散射公式,为利用晴空回波进行大气探测打下了物理基础。20 世纪 70 年代,国际上开始发展甚高频、特高频和 L 波段(频率 1～2 GHz)雷达,以弥补微波雷达探测晴空湍流的缺陷。

从 20 世纪 80 年代开始,在美国国家科学基金会(NSF)和美国国家海洋和大气管理局(NOAA)的资助下出现了风廓线雷达研究的热潮,很多科学家都致力于风廓线雷达探测性能的改进工作,研制出许多不同功能和型号的风廓线雷达。

20 世纪 80 年代中期,部分国家为了提高对灾害天气的监测和预报能力、推动大气科学的研究与发展,开始将风廓线雷达投入气象业务领域使用,其中,以美国、日本等国家发展得最为迅速。从 1986 年开始,美国国会每年出资 600 万美元专款用于 NOM 风廓线雷达网(NPN)建设,其中,美国中、西部建设了 32 部。此外,NOAA 还与其他组织机构共同建设了 CAP 风廓线雷达网,共有 80 多部风廓线雷达,CAP 和 NPN 两个风廓线网的有机组合,使风廓线雷达站网基本覆盖了整个美国。

日本于 1988 年研制生产了第一台 UHF(404.37 MHz)风廓线雷达,并在 Tsukuba 地区开展了较长时间的探测试验,目的是研究风廓线雷达在气象科学研究和业务中的应用价值。通过几年的研究和对比观测试验,最终认为风廓线雷达能够获取较高时间分辨率和垂直空间分辨率的水平风速、风向资料,对气象科研和业务工作具有极大的促进和推动作用。通过前期的研究工作积累,日本气象厅于 2001 年建立了风廓线雷达网。该网共由 31 部风廓线雷达组成,且均进入气象业务系统,主要为天气监测、预报和区域数值模式提供风场资料。此外,欧美其他国家也通过自主研发等方式,建设实施了各自国家的风廓线雷达观测网。

中国从 20 世纪 80 年代开始风廓线雷达的研制和应用工作。1989 年中国气象科学研究院和中国航天科工集团联合研制了第一部 UHF 风廓线雷达,用于北京中尺度灾害天气预报基地的业务试验,证明了其有效性和可靠性。在此之后,气象部门和国内很多研究机构、企业、公司纷纷开始研制风廓线雷达,如中国航天科工集团、北京敏视达雷达有限公司、安徽四创电子股份有限公司、北京爱尔达电子设备有限公司等,它们先后研制成功多种类型的风廓线雷达,并进行探测试验和气象业务的试运行。

1.2.1.3　微波辐射计

(1)硬件技术进展

中外对地基微波辐射计的研究已有很长的历史。自 1961 年 Meeks 提出利用大气氧分子 5 mm 波段上的微波辐射计来测量大气的温度结构以来,微波辐射计开始进入人们的视野,经过 60 a 的发展,地基微波辐射计成为遥感探测大气温、湿廓线的重要手段,国际上提供用于大气廓线探测的地基微波辐射计机构主要有美国的 Radiometrics 和德国的 RPG,分别代表了目前微波辐射计的两种体制:一是以美国 Radiometric 公司为代表的 MP3000A 型,其接收机采用传统下变频的方式,将信号通过变频到中频后,再进行混频到某一个频率进行连续采样,并按照顺序逐一检波;二是以德国 RPG 公司为代表的 RPG-HATPRO 型微波辐射计,其接收机采用的是多通道并行检波的方式。

目前中国的微波辐射计生产商采用的技术体制与美国和德国相似。在硬件上,民用设备有些关键器件仍采用进口,如噪声二极管、混频器、倍频器、检波管等,目前这些器件均可以实现国产化替代,保证性能指标不下降。当前,微波辐射计的硬件发展已趋于成熟,液氮定标后亮温观测准确度为 0.5 K,已满足地基垂直气象观测领域的业务科研需求。在软件上,基本上各个厂家都能够实现自主可控,在反演算法中,依赖长序列高精度的探空历史资料得到更加完善的反演模型。在产品种类上,微波辐射计基本能够得到温度廓线、湿度廓线、水汽密度廓线、云中液态水含量、水汽总量等参数,并且整体温度的误差在 1.8 K 左右,整体湿度的误差在15%。但是不排除在个别高度层湿度误差存在超过 40% 的现象。因此,微波辐射计在全球气象观测范围内,还没有得到真正的业务化应用,都是在为正规的业务化应用做技术储备的积累和试验(表 1.2)。

表 1.2　国内外微波辐射计代表性产品电气性能对比

项目	德国	美国	中国	
			MWP967 KV 型	QFW-6000 型
接收方式	直放并行多通道	超外差捷变频多通道	超外差捷变频多通道	外差并行多通道和捷变频
探测频带/GHz	湿度 K 频段 温度 V 频段	湿度 K 频段 温度 V 频段	湿度 K 频段 温度 V 频段	湿度 K 频段 温度 V 频段
天线主瓣宽度/°	湿度 3.0～4.2 温度 1.8～2.2	湿度 4.9～6.3 温度 2.4～2.5	湿度 3.8±0.9 温度 1.9±0.9	湿度≤3.5 温度≤2.0
天线旁瓣/dBc	<−30	<−23(K 频段) <−26(V 频段)	<−25(K 频段) <−35(V 频段)	<−25(K 频段) <−30(V 频段)
接收通道数量	湿度 7 温度 7	湿度 21 温度 14	湿度 21 温度 14	湿度 8 温度 8
亮温量程/K	0～800	0～400	0～800	0～500
亮温测量误差/K	±0.15	$0.2+0.002×(TkBB-Tsky)$	≤0.5	≤0.2
功耗/W	最大 2100 平均 300	最大 400 平均 200	最大 600 平均 200	<600

(2)反演方法进展

随着微波辐射计的发展,国内外很多学者就其测量技术和反演大气参数的方法进行了很多研究,主要包括正则算法、遗传算法、Kalman 滤波法、统计回归算法以及神经网络算法。

随着大气廓线反演方法的不断完善,反演精度也在不断提高。经过实验表明,微波辐射计在晴天条件下有较好的反演精度,但在云雨天气条件下反演效果较差,尤其是湿度廓线,难以对大气的垂直结构进行完整准确的描述,主要是由于微波辐射计配套的红外传感器获得的云信息非常有限,不能给出云的垂直结构,致使在有云出现时,微波吸收系数分布存在不确定性,使微波辐射计探测的温、湿度廓线相比探空观测出现较大偏差。由此来看,尽管微波辐射计在晴空条件下具有连续较好的探测能力,但在有云条件下探测误差较大或失效,对中小尺度灾害天气发生、发展过程无法进行完整观测,限制了对灾害天气形成机理的深入研究,因此解决微波辐射计在有云条件下的准确探测问题是大气垂直廓线探测中的重要科学问题。

面对单一地基遥感观测设备观测技术上的局限,综合观测成为提升地基遥感观测的准确度水平的研究热点。通过不同探测方法各自优势结合,获取大气更精细的状态描述以取得最佳探测效果,实现各气象要素在不同高度层上或不同有效探测区间上的紧密衔接,是人们迫切要解决的问题。

针对云水对地基遥感设备反演大气廓线的影响,国际上有学者提出了微波辐射计和其他仪器(如云、风廓线、雷达等观测设备)联合观测的想法并做了一些试验。1998 年,Fabio Del Frate 和 Giovanni Schiavon 利用七通道的微波辐射计,通过添加激光云高仪提供的云底高度信息,建立了反演大气温度廓线和大气湿度廓线的多元线性回归算式,获得了更高的反演精度。1999 年,Knupp 建立了 MIPS(Mobile Integrated Profiling System),其中包括 MP/WVP-3000 微波辐射计、风廓线雷达、激光云高仪和声雷达。2001 年,德国的 U. Lohnert 等结合了地基微波辐射计反演的液态水含量、雷达反射率和云模型来反演云中液态水廓线。Stankov 和 Klaus 先后将风廓线雷达和微波辐射计组合来估计大气湿度廓线,Hurter F 利用 GNSS 的"zenith total path delays"(ZTD)观测数据联合微波辐射计的温度廓线,反演获得湿度的垂直分布,并评估了这些信息在边界层及以上对于气象预报的贡献;Andreas Foth 提出了一种联合拉曼激光雷达质量混合比和微波辐射计综合水汽含量(IWV)反演连续水汽廓线的方法,该方法可以很好地补偿拉曼激光雷达的高度限制(云层底部和日光污染)。

上述实验研究表明,多种仪器联合观测,采取多种遥感手段同时获取高时空分辨率的廓线,通过有效的方法将各仪器观测数据结合使用,综合处理,可改进探测大气廓线的能力,提高单个仪器观测数据的效果。

(3)综合观测试验进展

欧美等发达国家,开展了系列的综合观测试验研究计划,形成了准业务化的研究成果。为满足中小尺度天气系统精细化描述和变化监测的需求,通过"超级站"的方式,建立了包括激光雷达、微波辐射计、激光云高仪等地基遥感设备密集观测网络,实现了对垂直大气柱的精细化描述,并取得了包括数值预报、气候变化研究和卫星真实性检验等方面的效益。1989 年美国能源部出资制订大气辐射研究(Atmospheric Radiation Measurement,ARM)计划,计划耗资 4.6 亿美元在各地建立观测站来研究云的形成过程以及其对辐射传输的影响,其基础是大气廓线及各种要素的综合观测,用以研究降水、云、气溶胶、地表通量对全球气候变化的影响,并于近些年针对温度、湿度廓线及云垂直结构开展了全面研究,包括基于一维变分方法的地基毫米波辐射计反演极地温、湿度廓线,结合氧 A 波段和雷达观测反演层云的垂直结构等。

自 2001 年起,欧盟开展了 COST 系列研究计划(COST 720、EG-climate COST ES0702、COST ES1303 TOPROF),由德国、英国、荷兰等国家提出了"综合地基遥感探空站"概念,通过地基综合遥感观测系统的长期试验,对未来的欧洲综合观测网络设计提供技术支撑。COST 720 计划通过试验包括风廓线、微波辐射计、雷达等多种综合遥感手段,提供站点上空温度、湿度、风和水凝物的垂直廓线。该计划中的温、湿云廓线(Temperature Humidity and Cloud,THC)试验于 2003/2004 年冬季在瑞士举行,包括基于地基微波辐射计的温、湿廓线反演,以及云的垂直结构探测研究。EG-climate 计划主要围绕微波辐射计温、湿廓线产品的评价、边界层高度估算、数据同化试验等方面开展研究,旨在提高微波辐射计观测数据的质量控制,推进数据产品的应用。微波辐射计组网观测资料在四维变分同化和 OSSE 试验中显示出明显的正贡献,具有业务价值。然而,微波辐射计自身存在垂直分辨率较低,在低云、厚云和降水条件下湿度的反演误差较大的局限。同时,该计划指出微波辐射计定标方法的研究,是提升微波辐射计性能的有效手段。

(4)定标技术进展

定标是精确遥感观测的主要问题之一。围绕微波辐射计定标和不确定度的研究有很多,定标不确定度主要来源于共振效应、夹带氧和液氮折射率的不确定性等方面。欧洲在 COST ES1303 TOPROF(2013—2017)计划中提出微波辐射计联合定标试验(J-CAL),分别于 2014 年和 2015 年先后在德国的林登伯格和梅肯海姆开展联合定标,评估不确定性和不同设备间的差异。其重点放在美国 Radiometrics 公司 MP 系列和德国 HATPRO 系列的 RPG 两种设备上。试验基于液氮定标和 K 波段的天顶扫描角定标两种定标方法,提出了微波辐射计联合定标的准业务化流程。试验指出,辐射计需要及时更新校准参数,以保证长期稳定的观测。

1.2.1.4　气溶胶激光观测仪(三波长)

(1)米散射激光雷达

米散射激光雷达是最早出现的大气探测激光雷达,它基于米散射和瑞利散射理论。但是在近距离(特别是边界层内),大气散射中米散射占主导地位,瑞利散射相对较弱,可以忽略。这种激光雷达用于探测大气中的气溶胶粒子以及云,反演后可以得到其后向散射系数。

1960 年世界上第一台红宝石激光器问世,1962 年 Fiocco 和 Smullin 开始用红宝石激光器探测大气,1963 年他们研制出世界上第一台探测大气的红宝石米散射激光雷达;几乎同时,Ligda 也研制了一台红宝石米散射激光雷达 Mark I,用于对流层的大气探测;Charlson 等还将米散射激光雷达用于全球气候变化的研究。

中国科学院大气物理研究所与中国科学院上海光学精密机械研究所在 1966 年共同研制成中国第一台红宝石米散射激光雷达;1991 年中国科学院安徽光学精密机械研究所研制出 L625 激光雷达。L625 激光雷达是一台多波长多功能的大型系统,可以探测大气温度、水汽、臭氧、气溶胶和二氧化碳等多种大气参数和大气成分,是中国综合雷达系统的开拓者,曾作为美国宇航局(NASA)在全球选择的 10 个激光雷达站之一对菲律宾 Pinatubo 火山云进行了联合监测;随后,中国科学院安徽光学精密机械研究所又研制出 L300 双波长米散射激光雷达,主要承担对流层大气气溶胶后向散射系数垂直分布的常规测量;随后中国多家单位也开展了激光雷达的研制,并用于大气探测。

米散射激光雷达的优缺点都很明显:相对其他散射方式,米散射截面更大,回波信号更强;缺点是假设的激光雷达比会给反演结果带来较大的误差。

(2)偏振光激光雷达

当线偏振光与大气中的沙尘或冰晶等非球形粒子作用时,后向散射光不仅有原来线偏振光的平行分量,还有与其正交的垂直偏振分量。偏振激光雷达就是通过探测非球形粒子后向散射光的退偏振比来研究其形态,是研究卷云和沙尘气溶胶等非球形粒子的有效工具。

Scholand 等在 1971 年首先利用偏振激光雷达对云进行了探测,Sassen 在 1982 年利用偏振激光雷达对不同形态的云的退偏特性做了进一步对比研究;Iwasaka 等利用偏振激光雷达对美国的圣海伦斯火山 1980 年爆发前后的平流层气溶胶进行探测,并研究了其对日本大气的影响。

偏振激光雷达是在米散射雷达的基础上，在接收系统中加入了检偏棱镜。激光器发出线偏振光，经望远镜、光阑后，由凸透镜准直，滤光片过滤背景噪音，当经过检偏棱镜后，光信号被分成两个通道，一个是方向与发射激光的偏振方向平行的 P 通道，另一个是方向与发射激光的偏振方向垂直的 S 通道。之后两通道的光信号分别经过探测和采集，最后进入计算机处理系统。

2002 年，中国科学院安徽光学精密机械研究所的刘东等利用偏振激光雷达对合肥上空卷云和沙尘气溶胶进行了探测；2008 年，刘东等利用 CALIPSO 上搭载的双偏振激光雷达（cloud-aerosol lidar with orthogonal polarization，CALIOP）进行了全球三维沙尘分布研究。在由日本、韩国和中国等国家的激光雷达联合组成的亚洲激光雷达观测网中，已有多台偏振激光雷达对起源于蒙古和中国西北地区的沙尘暴粒子的时、空分布进行长期探测。

（3）拉曼激光雷达

激光照射大气时，后向散射光除了弹性散射光信号外，大气中的氮气（N_2）、氧气（O_2）、水汽（H_2O）、二氧化碳（CO_2）等大气分子会产生振动和转动拉曼（Raman）散射。拉曼散射原理是：当激光与这些分子相互作用时，分子中的电子吸收光子并到达高能级，由于分子的振动或者转动，电子跃迁不会回到原来的能级。因此，产生的散射光频率不等于入射激光的频率，而且频移量跟分子的能级结构也就是说与分子种类有关。拉曼激光雷达可以实现对大气温度、水汽密度、气溶胶和污染物浓度的测量。

20 世纪 60 年代末，Melfi 等通过 Q 开关红宝石激光器和牛顿式接收望远镜观测到了 H_2O 和 N_2 的拉曼后向散射信号，并且得出了近地面 3 km 以下的水汽混合比垂直廓线。

中国科学院安徽光学精密机械研究所李陶等利用安徽光学精密机械研究所研制的 L625 激光雷达做了比较早的水汽探测相关工作；该单位的谢晨波等于 2004 年研制出中国首台车载式拉曼激光雷达。利用该系统对合肥地区夜晚和白天的水汽进行观测，首次得出突变层内的水汽混合比垂直廓线；2006 年，西安理工大学的华灯鑫等申请了大气水汽拉曼激光雷达测量的相关专利。

中国科学院安徽光学精密机械研究所于 2010 年研制成功中国第一台大气 CO_2 激光雷达监测系统——ARL-1。拉曼激光雷达探测气溶胶时，可以完全独立地反演气溶胶后向散射系数和消光系数，不再需要假设激光雷达比。

2013 年，中国科学院安徽光学精密机械研究所的刘东等研制出三波长拉曼偏振激光雷达系统，并对合肥西郊的气溶胶和云进行了探测；在此之前，安徽光学精密机械研究所、西安理工大学等单位已经开展了很多利用拉曼激光雷达测量气溶胶的研究。

测温拉曼激光雷达可分为两种：振动型和转动型。振动拉曼激光雷达可以测量对流层中、上部大气温度分布，而转动拉曼激光雷达主要用于测量低层大气的温度分布。

①振动测温激光雷达

振动拉曼测温激光雷达利用 N_2 分子振动拉曼回波信号可以获得大气温度垂直分布廓线。早在 1967 年，Leonard 就提出利用振动拉曼激光雷达来探测大气温度；1980 年 Hauchecorne 等给出了振动拉曼测温的温度计算式，并给出了 35～70 km 的温度廓线。

2002 年，中国科学院安徽光学精密机械研究所吴永华等利用拉曼激光雷达对对流层中、上部大气温度进行了探测。

②转动测温激光雷达

转动拉曼测温激光雷达利用 N_2 或 O_2 的转动拉曼散射谱线强度与大气温度的依赖关系来反演大气温度。早在 1972 年,Cooney 就利用纯转动拉曼激光雷达探测大气温度;Arshinov 利用 F-P 干涉仪滤除太阳背景光,用纯转动拉曼雷达实现了白天温度的测量;Behrendt 等利用多通道干涉仪对弹性散射信号的高抑制率,用纯转动拉曼雷达实现了在有薄云和气溶胶存在情况下的大气中探测大气温度廓线。

利用转动拉曼激光雷达测温的方法可分为两种:单谱线反演法和多谱线反演法。单谱线反演温度对激光雷达系统要求比较高:激光光源线宽极窄,分光系统要有极高的分辨率。所以一般测温转动拉曼激光雷达通常采用多谱线反演大气温度。

中国科学院安徽光学精密机械研究所汪少林等对基于三级 F-P 标准的纯转动拉曼测温激光雷达实现单谱线反演温度进行了理论分析;该单位尚震等研制了一台同时测温度、水汽和气溶胶的拉曼激光雷达系统,实现了对流层内大气多参数同步探测;西安理工大学华灯鑫等和武汉大学易帆均研制出了自己的一套测温激光雷达系统。

拉曼激光雷达的不足之处在于:拉曼散射截面很小,接收到的拉曼回波信号很弱,它比瑞利散射小 3～4 个数量级;并且在白天测量时背景噪声相对比较大,导致信噪比低。为了防止弹性信号与拉曼信号混合、提高信噪比,通常采用窄视场、窄带宽接收技术,并且在雷达系统中采用滤光片、光栅单色仪等滤光装置。同时需要对回波信号进行较长时间的积累平均,但这在一定程度上限制了时间分辨率的提高。

1.2.1.5　GNSS/MET

GNSS/MET,在地基遥感垂直观测系统中指地基导航卫星水汽探测系统,是利用导航卫星发射的 L 波段信号探测大气可降水量等气象要素的一种技术手段。目前提供全球服务的导航卫星系统包括美国全球定位系统(GPS)、中国北斗卫星导航系统(BDS)、欧洲伽利略系统(Galieo)和俄罗斯格洛纳斯系统(GLONASS),提供区域服务的导航卫星系统包括日本准天顶卫星系统(QZSS)和印度区域导航卫星系统(IRNSS)等,提供 PNT 服务的导航卫星总数量达到了 120 余颗。全球导航卫星系统(GNSS)发射的 L 波段信号(1160～1610 MHz)覆盖全球,为高精度与高时间分辨率大气、海洋和陆表参数遥感提供了必要技术手段(Teunissen et al.,2017)。

地基 GNSS 遥感是指将 GNSS 信号接收设备放在地球表面的遥感技术。地基 GNSS 遥感起步最早,已成为大气和地表参数遥感探测技术手段的重要组成部分。中国地基 GNSS 网络包括中国大陆构造环境监测网络、中国气象局地基 GNSS 气象探测网络和北斗地基增强网络等。国际上的包括国际 GNSS 服务(IGS)基准站网、美国板块边界观测网络(PBO)、日本国土地理院地基 GNSS 站网(GEONET)和欧洲地基 GNSS 站网等。空基 GNSS 遥感是指将 GNSS 信号接收设备安装在飞机、气球或飞艇等平台的一种遥感手段,例如美国机载掩星事件探测系统 GISMOS、美国和法国联合开展球载掩星探测试验 STRATEOLE-2。天基 GNSS 遥感系统是指将 GNSS 信号接收设备安装在卫星平台的一种遥感技术。天基 GNSS 遥感系统包括中国 FY-3C/3D 掩星探测系统、中国台湾省与美国联合发射的 COSMIC-1 和 COSMIC-2 掩星探测系统、欧洲 Metop 掩星探测系统和美国 CYGNSS 系统。中国自主建设的北斗卫星导航系统于 2020 年全面完成,GNSS 遥感将面临新的发展机遇和挑战。

1.2.2 国内外地基遥感垂直观测网建设和研究情况

在美国、欧洲和日本等发达国家和地区,发展了地基、机载和星载平台的 W、Ka 和 Ku 波段云雷达、风廓线雷达、激光雷达、微波辐射计等观测设备,目前已经组建了风廓线雷达、GNSS/MET 业务观测网。其中,美国的国家风廓线雷达网(NPN)和综合风廓线雷达网(CAP)由 115 部风廓线雷达组成,欧洲气象业务网(EUMETNET)的风廓线雷达计划(WINPROF),已有 28 部风廓线雷达投入运行,日本气象厅(JMA)建成由 33 部风廓线雷达组成的业务网,借助已建的风廓线雷达观测网,龙卷风、雷暴、暴雨的预警时间提前了 14%,强天气监测和预报准确率提高了 13%,3 h 风的预报准确率提高了 20%。美国、欧洲、日本 GNSS/MET 站平均站间距为 17~50 km,密集的地基 GNSS/MET 站网已成为欧、美、日等发达国家重要的陆基大气水汽监测手段。激光雷达探测网主要包括全球大气成分变化观测网(NDACC)、全球大气气溶胶激光雷达观测网(GALION)、欧洲气溶胶激光雷达观测网(EARLINET)等,用于气溶胶的监测和研究。

为了解决边界层和对流层大气与陆面相互作用及强对流系统发展旺盛的垂直高度场信息获取问题,欧美等国的主要做法是采用大气垂直廓线综合观测,将不同设备的探测能力进行综合集成,在不同条件下获取各类气象要素垂直廓线及云水物理参数,解决了依靠单一设备难以满足多样信息需求的问题。通过系列研究计划项目(美国大气云和辐射计划(ARM)、美国大气研究中心(NCAR)研发了低对流层观测系统(LOTOS),欧盟 CloudNet 项目)相继开展了地基遥感综合观测试验,利用多种遥感设备进行综合协同观测,获取大气边界层和对流层中、下部大气与陆面相互作用及强对流系统发展过程中的垂直高度场等信息,达到对中小尺度天气系统精细化立体观测目的。欧美国家通过基地遥感垂直观测网的建设,已经能够有效利用这些数据提高预报时效。

中国风廓线仪全国已布设 187 部,观测数据已在中国气象局 GRAPES-MESO 数值模式、北京市气象局睿图短临数值模式中业务同化应用。毫米波测云仪全国已布设 100 余套,观测产品已在地面云观测、卫星云产品真实性检验和人工影响天气作业中得到很好应用。微波辐射计全国已布设 120 余套,观测产品已在睿图短临数值模式中业务同化应用,并为天气监测、预警、数值预报、人工影响天气(简称人影)指挥及作业效果评估提供决策服务。气溶胶激光观测仪(三波长)全国已布设 50 余台。已建立准业务化气溶胶三维实况分析场,观测资料已在 WRF-Chem 模式中同化应用,有效提高了模式对 $PM_{2.5}$ 的预报效果。GNSS/MET 业务站点 1164 个,已经业务化运行 10 余年。业务产品已成为中国天气预报和数值预报业务同化基础观测资料,水汽业务产品分别在 GRAPES 区域和全球业务模式中业务同化应用,站点同化率超过 90%。

中国气象局在《综合气象观测系统发展规划(2021—2025 年)》中提出在高空站同址建设 131 套由毫米波测云仪、地基微波辐射计、气溶胶激光观测仪(三波长)、风廓线仪和 GNSS/MET 观测设备组成的地基遥感垂直观测系统。截至 2023 年,依托补短板工程全国已完成 49 套地基遥感垂直观测系统建设,平均站网间隔 600 km,可获取地面以上至对流层(10 km)分钟级连续变化的大气温度、湿度、风、水凝物、气溶胶等廓线。建成后,将有效弥补高空探测频次的不足,实现大气垂直廓线的分钟级实时观测,为推动中小尺度天气过程数值模拟研究和参数化方案的发展提供数据基础。

1.2.3　地基垂直遥感组成

中国综合气象观测系统的探测种类繁多,按传感器的位置可以分为地基、空基、天基气象观测系统,按传感器工作方式可以分为直接探测和遥感探测(表 1.3)。从描述大气运动变化的角度,还可以把气象探测归结为气象要素探测和天气现象监测。地基遥感垂直气象观测就是传感器位于地面且采用遥感观测方式的地面(不含)到高空的气象要素探测。垂直气象观测是对大气运动、变化的基本量进行探测,反映大气的本质和规律。数值预报模式的初始场、预报场都可以表示为不同气象要素的三维空间分布,是由不同空间分辨率的垂直气象观测构成。垂直气象观测独立于地基直接观测系统,区别于天气雷达、雷电等天气现象监测子系统,它主要包含地基遥感探测系统中能够进行气象要素探测的子系统,如风廓线仪、气溶胶激光观测仪(三波长)、微波辐射计、GNSS/MET 观测仪等。

表 1.3　综合气象观测系统分类

传感器位置	工作方式	子系统
地基	直接探测	常规地面
		辐射观测
		农业气象
		海洋观测
		能量观测
		大气成分
	遥感探测	天气雷达
		风廓线仪
		激光雷达
		微波辐射计
		GNSS/MET 观测仪
		其他
空基		气球探空
		飞机探测
		下投探空
		平漂气球
		火箭探空
天基		气象卫星
		其他卫星

地基遥感垂直观测设备有各自的特点:

毫米波测云仪——其工作波长为毫米波段,利用云粒子对电磁波的散射特性,通过对云的雷达回波分析了解云的各种特性。云的回波参数反映了云的宏观和微观结构,例如回波顶的高度、回波的体积、面积等反映了云的特征尺度,回波强度反映云中粒子的大小和浓度,回波强度在时间和空间上的变化反映云内微物理过程的结构和演变特征。

微波辐射计——一种被动式遥感探测设备,是基于大气微波遥感技术的气象观测设备,通过多通道连续探测大气水汽和氧气的自然微波辐射,可实时连续探测对流层(含边界层)大气温度、湿度、云水分布以及水汽、液态水含量等多种大气参数,具备对中小尺度大气层结的精细探测能力,可作为常规高空观测的有益补充,为天气监测、预警、数值预报、人工影响天气指挥及作业效果评估提供连续的观测数据和决策依据。

气溶胶激光观测仪(三波长)——主动式遥感探测设备,是利用激光器发射激光脉冲与大气中的气溶胶及各种成分作用后产生后向散射信号,系统中的探测器接收回波信号,并对其进行处理分析,从而得到所需的大气物理要素。利用米散射和偏振技术可进行大气气溶胶、沙尘、卷云等探测,获取分钟级的后向散射系数、消光系数等基本观测产品,以及光学厚度、垂直能见度、混合层高度、颗粒物浓度等二级产品,能够实时监测气溶胶浓度、颗粒物分布。此外,利用拉曼散射技术可进行温、湿廓线探测,利用多普勒技术可进行大气风场、湍流的探测。

风廓线仪——是开展天气预报和气象保障的新手段,利用大气湍流对电磁波的 Bragg 散射(衍射相干)作用进行风场测量,能够无人值守 24 h 连续提供大气水平风场、垂直气流、大气折射率结构常数等气象要素随高度的分布,具有时空分辨率高、连续性和实时性好等特点。

GNSS/MET——利用导航卫星发射的 L 波段信号探测大气可降水量等气象要素的一种技术手段。GNSS 遥感具有全天候、高精度、高时空分辨率、自校准和低成本等优点。基于直射信号可探测电离层电子浓度,基于反射信号可探测土壤湿度、积雪深度、植被含水量等信息。GNSS 遥感探测的大气可降水量在临近天气预报、数值天气预报、气候变化研究以及探空和卫星遥感等观测检验方面已实现较成熟的应用。

1.3 地基垂直遥感对大气探测的作用

大气垂直结构探测是综合气象观测系统的核心,是现代大气科学产生、发展的基础。对流层乃至平流层的温度、水汽、气压、风和水凝物,是大气热力学、动力学、物理学的基本变量,是当前主要气象和气候系统发生、发展的主要表征。垂直探测手段包括探空直接观测、地基遥感观测、空基机动观测、雷达观测、卫星观测等。目前,中国在气象卫星业务技术水平方面达到了国际先进水平,但垂直观测业务仍然维持以常规探空业务为主要手段,中国 120 个探空站按照 $250\sim300$ km 间隔分布,每日观测 $2\sim3$ 次,但在西北高原天气上游和海洋敏感区域存在大片空白。用于中小尺度的灾害监测时,空分辨率远远不足。同时,随着中国超大城市、大城市群的快速发展带来的气象环境结构变化,如"热岛""干岛""污染"等特殊结构,导致城市区域的天气显著异常,对于极端灾害天气捕捉能力提出了更精细的要求。

气温、湿度和风是描述大气热力和动力状态的基本参数,实时探测大气不同高度层温度、水汽和风的变化,对于数值天气预报和气候变化研究以及各种气象保障工作都是必不可少的。对流层是地球大气中最低的一层,云、雾、雨雪等主要大气现象都出现在该层。对流层是对人类生产、生活影响最大的一个层次,也是气象学、气候学研究的重点层次。由于地球引力的作用,对流层集中了整个大气 3/4 的质量和几乎全部的水汽。空气通过对流和湍流运动,高、低层的空气进行交换,使近地面的热量、水汽、杂质等易于向上输送,对成云致雨有重要的作用。由于对流层受地表的影响最大,而地表面有海陆分异、地形起伏等差异,因此在对流层中,温度、湿度等的水平分布是不均匀的。对流层的最下层称为行星边界层或摩擦层,其范围一般是自地面到 $1\sim2$ km 高度。边界层的范围夏季高于冬季,白天高于夜晚,大风和扰动强烈的天气高于平稳天气。在这层里大气受地面摩擦和热力的影响最大,湍流交换作用强,水汽和微尘含量较多,各种气象要素都有明显的日变化。

大气内部冷与暖所表现出来的地球及大气的热状况、温度的分布和变化,制约着大气运动状态,影响着云和降水的形成。因此,大气的热能和温度成了天气变化的一个基本因素,同时也是气候系统状态及演变的主要控制因子。根据分子运动理论,空气的冷热程度只是一种现象,它实质上是空气内能大小的表现。当空气获得热量时,其内能增加,气温也就升高;反之,空气失去热量时,内能减小,气温也就随之降低。空气内能变化既可由空气与外界有热量交换而引起;也可由外界压力的变化对空气作功,使空气膨胀或压缩而引起。

现在已有一些成熟的遥测和遥感技术用于大气探测,如无线电探空、气象卫星和天气雷达。在高空观测中,无线电探空是业务上最为常用的观测方式之一,在 20 世纪 20 年代末,人们在高空气象仪和无线电短波技术基础上研制了无线电探空仪,它由感应元件、转换开关、编码器、无线电发射机和电源模块等组成,携带温度、压力、湿度感应元件。常规探测方法是将无线电探空仪系在气象气球的末端,随气球上升而测定各高度层的多个气象要素。在常规探空仪基础上,根据不同的探测目的(如测定臭氧、平流层露点、各种辐射通量、大气电场、监视低层大气污染等)或不同的施放方式(如从飞机、气象火箭、平移运载气球上下投),还派生出了多种特殊探空仪。与其配套使用的还有地面高空测风雷达,它是用来追踪探空气球携带的目标物,当气球升空后,雷达天线对准气球发出询问脉冲,可立即接受到回答脉冲或反射脉冲,根据回答脉冲与询问脉冲的时间间隔,可以确定气球与雷达之间的直线距离,加上雷达天线此时的方位与仰角,即可确定气球的空间位置,并由气球运动轨迹算出各高度层的风向和风速。基于这种探测技术的应用构筑了探空(大气廓线)网,在大气科学、天气预报中发挥着重要的作用。但是其时空密度不足、无法探测大气要素的短期变化制约着精细化预报和长时间气候观测的准确度,且数据质量难以控制,既有探测方法、探测设备方面的原因,也有人工操作方面的原因,所以现行高空探测体制是为天气尺度天气监测而设,不适于对中尺度天气的监测。

气象雷达是指专门用于大气探测的雷达,属于主动式微波大气遥感设备,是气象部门用于警戒和预报台风、暴雨、龙卷风等天气的主要探测工具之一。气象雷达通过方向性很强的天线以一定的重复频率向天空发射脉冲天线电波,在传播过程中和大气发生各种相互作用,然后接受被散射回来的回波脉冲。通过回波信号,人们不仅可以确定探测目标的空间位置、形状、尺度、移动和发展变化等宏观特性,还可以根据信号的振幅、相位、频率、偏振度等参数来确定目标物的各种物理特性,如降水强度、降水粒子谱、云中含水量、风场、大气湍流、云和降水粒子相态以及闪电等。此外,人们还可以利用"对流层大气温度和湿度随高度变化,引起折射率随高度变化"的规律,由探测所得的对流层温度、湿度的铅直分布求出折射率的铅直梯度,也可以根据雷达探测距离的异常现象(如超折射现象)推断大气温度和湿度的层结,根据奇异回波判断飞机、候鸟群、昆虫群和风力发电设备等非气象目标。气象雷达虽然可以获得超前 1～2 h 的云雨精细结构和运动情况,但不能获取气象基本要素风、温和湿信息。

气象卫星遥感可以高时间分辨率获取大范围的上层天气信息,是监测台风、大范围降水云系运动的有力工具,卫星的垂直探测可获取大范围内各区域的垂直廓线。气象卫星遥感以人造卫星为平台探测地球大气,可以是主动式,也可以是被动式的。但由于主动式遥感设备体积大、质量大、耗能多,所以卫星多采用体积小、质量小和耗能少的被动式遥感仪器。气象卫星主要分为极轨气象卫星和静止气象卫星两大系列。极轨气象卫星(如风云 1 号、风云 3

号)探测大气的主要目的是获取全球均匀分布的大气温度、湿度、大气成分(如臭氧、气溶胶、甲烷等)的三维结构定量遥感产品,为全球数值天气预报和气候预测模式提供初始信息;静止气象卫星(如风云2号和风云4号)探测大气的主要目的是获取高频次区域大气温度、湿度及大气成分的三维定量遥感产品,为区域中小尺度天气预报模式及短期、短时天气预报提供数据和空间四维变化信息,进而达到改进区域中小尺度天气预报、台风暴雨等重大灾害天气预报准确率的目的。当然,气象卫星遥感探测也存在不足,低空位置的精度会由于云层、气溶胶及其他地表气体温度的影响而降低。

目前灾害天气预报准确率平均不到30%,天气预报精细化程度不高,本质上在于对中小尺度天气发生、发展的规律和机理掌握得不够,要想充分探究其内部动力和热力过程的演变,离不开精确连续的大气廓线探测。随着无线电及遥感技术的不断发展,中外涌现出各种自动化垂直观测设备,可实现大气廓线的实时连续探测。随着大气廓线反演方法的不断完善,反演精度也在不断提高。

大气温、湿、风垂直廓线的探测方法可分为主动遥感观测和被动遥感观测两种。目前中国主要使用的主动遥感观测设备有风廓线仪、气溶胶激光观测仪(三波长)、毫米波测云仪等,被动遥感观测设备有地基微波辐射计等,可实现地面到对流层顶以下的大气温度、湿度、风、水凝物、气溶胶廓线的连续观测,用于弥补探空观测时次密度(每天2次)的不足,常作为刻画整个天气演变过程的重要手段。

1.4　地基垂直遥感对预报服务的作用

现阶段,在气候变化、极端天气频发的大背景下,准确的气候分析和短临预报离不开高空大气观测资料,地基遥感观测以其在空间和时间分辨率上的优势,将为数值预报和环境监测带来各种宝贵的高空数据,为中国中、低层大气物理的研究做出重要贡献。地基垂直遥感是利用大气的声、光、电、热等物理特性,间接获取大气的气象参数。地基垂直遥感产品是集毫米波测云仪、微波辐射计、风廓线仪、气溶胶激光观测仪(三波长)等观测优势,形成精细化的大气温度、湿度、风、水凝物、气溶胶等多要素综合产品。相比常规观测资料,垂直观测产品的时间分辨率提升为分钟级,探测高度可达对流层顶,对气象监测、预报、预警服务能力的提升具有重要的意义。大气整体呈垂直分层结构,现代天气业务需要大气气象要素场的三维精细分布,需要对其连续变化情况进行监测,因此对大气要素的垂直观测无论在气象预报模式应用或全天气过程分析等都至关重要。

1.4.1　对气象预报模式的作用

现阶段,数值预报模式对台风等天气系统和中小尺度灾害天气过程气象要素的预报能力还比较弱,对暴雨、强对流等强天气系统尚难以提供准确可靠的预报,因此需要足够多的中尺度系统结构信息,以改善数值预报模式初始场,提高模式预报能力。一直以来,气象预报模式初始场的确定一个重要的依赖是无线电探空。随着气象预报模式向精细预报发展,高时、空分辨率垂直廓线要素观测就变成迫切需要,以满足模式快速同化需求。但现有探空业务时间分辨率和空间分辨率都较低,远不能满足模式需求。需要对气象业务探空在时间上进行加密,在空间布局上根据中小尺度气象灾害高发区域进行适当加密,增强对中小尺度天气的捕获能力。

1.4.2　对中小尺度天气预报的作用

研究显示,中小尺度对流系统发展快,且多发生于距离地面 1～2 km 以内的大气边界层内。但目前,从晴空大气到成云再到致雨的大气边界层热力、动力垂直廓线观测资料严重缺乏,制约了中小尺度天气预报能力的提升。尽管从全球视角来看,中国气象探空业务系统的水平不低,但从捕捉中小尺度系统天气角度看,多年来布设在全国的约 120 个气象探空站,平均水平间隔在数百千米以上,时间上每天探测两次,基本上体现了国际整体水平,但多数情况下无法完整地刻画中小尺度天气系统的结构特征,难免出现大量"漏网之鱼"。而对于强对流系统发展过程中的云物理结构变化,也难以通过目前的探空系统获取。且若想提高探空站的时空密度,从运行成本、环境制约等因素考虑,都难以承受。对于大尺度天气系统的预报,卫星资料提供了强有力的支撑,但对于云系发展较活跃的中小尺度天气,卫星在大气低层的探测能力受到较大制约。为了获取大气对流层中下层和大气边界层的气象信息,利用多种遥感设备进行综合观测,构造一个集成化平台,以解决在大气边界层和对流层中下部这一大气与陆面相互作用活跃及强对流系统发展旺盛的垂直高度场信息获取问题。

1.4.3　对天气全过程分析的作用

随着多波段多种类地基遥感设备协同观测的发展,高时空分辨率获取大气晴空、成云、降水全天气过程垂直气象要素已成为可能。而天气全过程垂直气象要素的获取,对于实现精细化天气预报分析、提高灾害天气预报能力至关重要。如:在强对流预报中注重时空分辨率较高的水汽、温度、风场的垂直分布以及低层中尺度触发机制;暴雨预报注重整层水汽、上升运动、高低空急流分布;雾霾模式预报中注重气溶胶的垂直分布和边界层的垂直运动等。总之,获取高时空分辨率晴空大气、云、降水全天气系统过程垂直气象要素,结合天气雷达以及地面气象要素观测资料,可加强对灾害天气监测的能力,提高气象预报业务水平和数值预报可靠性。

第 2 章　第一代地基遥感垂直观测系统

2021—2022 年,依托"补短板工程"全国已完成第一代地基遥感垂直观测系统建设,共计 49 套,平均站网间距 600 km,可获取地面以上至对流层(10 km)分钟级连续变化的大气温度、湿度、风、水凝物、气溶胶等廓线。地基遥感垂直气象观测系统主要包含风廓线仪、毫米波测云仪、地基微波辐射计、气溶胶激光观测仪(三波长)、GNSS/MET 共 5 种垂直观测设备和地基遥感垂直廓线集成系统。本章重点介绍该系统的整体结构、站网设计、系统集成设计以及未来智能化发展理念。

2.1　整体结构

2.1.1　总体架构

地基遥感垂直观测系统总体架构采用云+端架构,主要包括台站级垂直廓线观测系统、省级中心站、国家级业务平台和应用服务等,其中省级垂直廓线观测系统主要进行数据融合、综合质控形成区域实况场为省局提供预报和预警服务;国家级垂直廓线观测系统主要包含数据采集、装备保障、质量评估、产品服务四个模块,开展垂直廓线数据质控评估、应用服务产品开发等工作为天气预报和预警服务提供数据和产品支持(图 2.1)。

图 2.1　国家级系统功能

通过对风廓线仪、毫米波测云仪、微波辐射计、气溶胶激光观测仪(三波长)、GNSS/MET 等观测设备及其配套设施输入的数据进行管理及应用,实现观测产品的融合与数据管理。系统结合各个探测设备的优势,在满足各个设备现有产品的基础上,开发融合产品,融合现有能够观测到的温湿度、风向风速、云高等信息,通过集成控制系统将这部分数据呈现到用户的面前;其次,通过对数据传输情况的管理,能够更好地掌握数据的输入、输出情况,通过综合质控,让数据更加准确,满足预报需求;最后基于 B/S 架构的软件还可以让有权限的用户通过同一网络环境下的用户,实现对产品的查看、对数据的监控、对设备的控制,给探测站点的管理工作带来极大的便利。

系统整体架构与信息流程见图 2.2。

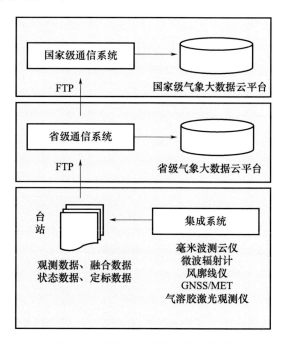

图 2.2　系统整体架构与信息流程

2.1.2　系统组成

地基遥感垂直观测系统设备包括观测设备与辅助设备两类。设备组成见表 2.1。

表 2.1　设备组成

类别	设备名称	设备组成	主要要素产品	数量
观测设备	风廓线仪	发射/接收系统、天馈分系统(含屏蔽网)、监控分系统、标定分系统、通信分系统、信号处理分系统、数据处理及应用终端分系统、配电分系统、标准输出控制器	水平风速 水平风向 垂直速度	1
	毫米波测云仪	发射系统、接收系统、天馈系统、信号处理系统、标准输出控制单元(含终端软件)	反射率因子 垂直速度 速度谱宽 云高	1
	微波辐射计	接收系统、天线系统、温控系统、定标系统、信号处理系统、标准输出控制单元(含终端软件)	大气温度廓线 大气相对湿度廓线 大气水汽密度廓线 积分水汽总量	1

17

类别	设备名称	设备组成	主要要素产品	数量
观测设备	气溶胶激光观测仪（三波长）	激光发射系统、光学接收系统、光电探测及数据采集系统、信号处理系统、环境控制单元、在线标定系统、标准输出控制器单元（含终端软件）	气溶胶消光系数 气溶胶后向散射系数 气溶胶光学厚度 气溶胶边界层高度 PM_{10}、$PM_{2.5}$	1
	GNSS/MET	GNSS 接收机、GNSS 天线、GNSS/MET 标准输出质量控制模块	对流层天顶总延迟 大气可降水量 天顶对流层总延迟梯度	1
	地基遥感廓线集成系统	数据交换模块、系统融合处理分机模块、视频监控分机模块、环境分机模块、短信模块、集成系统终端软件	融合产品 单要素产品 指数产品	1
辅助设备	机房	/	/	1
	供电系统	设备用电和空调用电	/	1
	UPS 不间断电源	供电系统容量一致的应急供电系统	/	1
	通信辅助设备	光电交换机和防火墙等所需通信辅助设备	/	1
	防雷设施	设备配套防雷设施	/	1

2.1.2.1　观测设备

观测设备包括：风廓线仪、毫米波测云仪、微波辐射计、气溶胶激光观测仪（三波长）、GNSS/MET 共 5 种设备。辅助设备包括：机房、供电系统、UPS 不间断电源、通信辅助设备和防雷设施等。其中，机房用来存放室内机柜和前端的数据收集和处理设备；供电系统安装在设备机房内，主要用于设备用电和空调用电，并具有串口远程监控功能；UPS 不间断电源主要用于市电中断时的应急供电，容量与供电系统容量保持一致，具有串口远程监控功能；通信辅助设备主要用于设备配备光电交换机和防火墙等所需通信辅助设备；防雷设施主要用于设备配套防雷建设。

观测要素：风廓线仪为水平风速、水平风向、垂直速度，毫米波测云仪为反射率因子、垂直速度、速度谱宽、云高，微波辐射计为大气温度廓线、大气相对湿度廓线、大气水汽密度廓线、积分水汽总量，气溶胶激光观测仪（三波长）为气溶胶消光系数、气溶胶后向散射系数、气溶胶光学厚度、气溶胶边界层高度、PM_{10}、$PM_{2.5}$，GNSS/MET 为对流层天顶总延迟、大气可降水量、天顶对流层总延迟梯度（图 2.3）。

2.1.2.2　供电系统

地基遥感垂直观测系统设有专用供电系统及 UPS，放置于机房内，为整个观测系统供电，其具有过载保护装置。

2.1.2.3　通信系统

为满足观测系统谱数据、基数据、数据产品、图形产品等实时传输要求和实现系统远程视频监控、故障诊断功能。

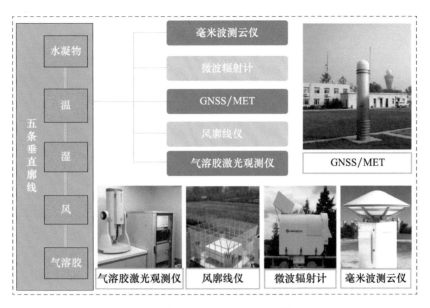

图 2.3　系统组成及观测要素

2.1.2.4　集成控制系统

地基遥感垂直观测系统基于模块化设计思想,除了包含风廓线仪、毫米波测云仪、微波辐射计、气溶胶激光观测仪(三波长)、GNSS/MET 观测设备以外,还集成有产品显示控制终端系统、数据处理分机、数据交换分机及电源综合机柜的集成控制系统一体化平台。系统框架见图 2.4。

2.2　站网设计

国家级地基遥感垂直廓线观测系统站网布局设计重点在探空站、超大特大城市、西南水汽通道等天气敏感区,建设 131 套地基遥感垂直廓线观测系统,实现温度、湿度、风、水凝物、气溶胶的垂直协同连续观测,观测高度达 10 km,时间分辨率达分钟级。各地根据气象灾害观测需要,加密建设区域地基遥感垂直廓线观测系统。升级水汽观测系统,即在国家级气象观测站升级和建设 1517 套北斗导航水汽观测系统,时间分辨率达到分钟级,平均站间距 50～80 km。同时,优化并补充海岸带和海岛等岸基/平台垂直廓线观测网络,满足中小尺度天气系统的预报服务需求。优化并补充海洋气象机动观测系统,提高海洋气象灾害观测响应能力和全球海洋气象数据获取能力。总体目标为:2025 年全国直辖市、省会城市、计划单列市建成布局科学、立体精密、智慧协同的大城市垂直观测网。

为进一步提高垂直观测的空间分辨率,按照 2016 年中国气象局组织开展的超大城市气象观测试验和科技部重大专项《超大城市气象综合观测试验及应用》的要求,从“站网布局设计—观测技术规范—协同观测技术—数据产品应用—气象服务保障”等方面,在 4 个超大城市群(30 km 间隔)、8 个一线大城市(30～50 km 间隔)、省会城市和单列市(50～100 km 间隔)及其他城市(100 km 间隔)开展垂直观测系统建设和应用推广观测试验。运用先进的站网设计方法(OSSE),开展大城市区域观测敏感区和高影响区站网科学布局设计,指导大城市区域垂直

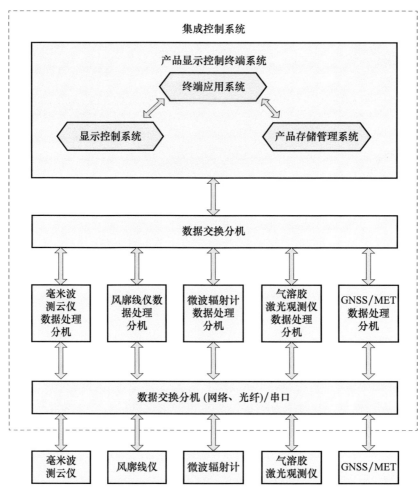

图 2.4　集成控制系统架构

观测系统建设。建立系列技术标准规范和技术指南,规范大城市垂直观测系统建设,建立"单站产品—多源组合产品—组网产品—融合产品"等数据产品,针对天气过程和地方气象服务需求开发短临预警和服务产品,提高重大天气过程服务保障能力,提升城市区域中小尺度天气监测、预警能力。初步实现全国直辖市、省会城市、计划单列市三维垂直精细化观测和服务能力,初步建立应急联动机制,初步建立国家级软件平台。

针对气象灾害敏感区、灾害高发易发区和监测站点稀疏区建立"一城一案"的站网指导意见,形成志愿观测站网+地面、雷达、垂直业务站的全国大城市试验观测网。完成全国大城市观测系统平台建设,实现大城市试验数据自动化传输、处理、显示、存储和共享。采用大城市试验网获取的温、湿、风廓线等垂直观测数据,研究揭示城市地区边界层的温度(热岛)、湿度(干/湿岛)的非均匀结构以及不同的下垫面特征对气溶胶—云—降水发生、发展机理认识。建立"单站产品—多源组合产品—组网产品—融合产品"的全国大城市产品服务体系,根据地方气象服务需求兼顾城市生态、环境、港口大雾、大风、旅游、交通等专业气象服务,拓宽服务领域,提高重大天气过程服务保障能力,提升城市区域中小尺度天气监测、预警能力。

2.3　系统集成设计(理念)

2.3.1　系统流程

地基遥感垂直观测系统通过优化站网、规范建设、标准化数据格式,进行设备集成(形成质量控制和产品标准),系统总体流程图见图2.5。

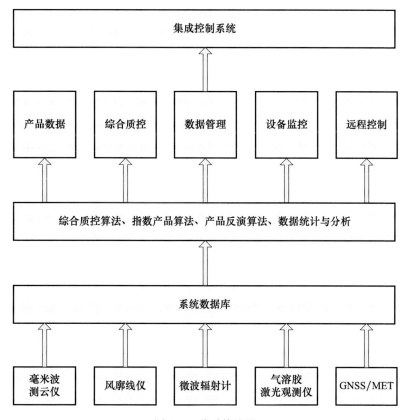

图 2.5　总系统流程

通过不同接口(网络、光纤、串口)收集风廓线仪、毫米波测云仪、微波辐射计、气溶胶激光观测仪(三波长)、GNSS/MET 等单设备数据进行融合处理,形成标准化的数据格式;通过质量控制及多信息要素的融合,形成融合产品直接应用于当地服务。将单设备协同观测形成地基遥感的"超级站",实现大气垂直层面"温、压、湿、风、雨"等气象要素的垂直探测。

系统主要由硬件系统和软件系统两部分组成。硬件系统由系统主机模块、数据转化模块、数据分发模块、无线数据上传模块等组成,整体构造采用分布式模块化设计,做到各分系统和组件之间独立运行、互不干扰;系统通过 RS485/RS232 接口或 RJ45 网络接口获取风廓线仪、毫米波测云仪、微波辐射计、气溶胶激光观测仪(三波长)、GNSS/MET 的观测数据,完成数据的传输与存储。

软件系统基于 B/S 架构开发,主要由 Web 前端和服务后端组成,系统采用 Linux 平台,数据库采用 MySQL 系统;软件系统基于数据可视化的应用理念进行统一设计,包括产品显示、数据管理、设备监控、综合质控、远程控制等功能实现对数据的有效管理。

2.3.2 信息流程

中心级软件平台系统当前的信息流程图见图2.6,观测设备状态数据通过CA或移动私网将数据传送到探测中心监测控制网,实现观测设备状态的收集。

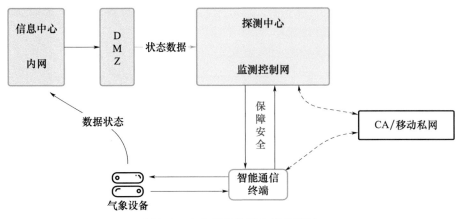

图2.6 中心级软件平台信息流程

2.3.3 数据流程

由观测端通过设备级软件完成数据自动采集与上传,数据包括观测数据、产品数据、定标数据和状态数据。采用FTP传输方式,通过气象业务专网传输至省级中心站,对数据进行省级入库存储和流程监控;再经省级信息中心上传至国家级气象大数据云平台(天擎),对数据进行处理加工和存储,国家级气象大数据云平台将数据推送至国家级垂直中心站级软件及应用平台(天衡、天衍),天衡天衍系统的目标观测区域识别系统结合预报和预警信息,综合处理识别出需要重点关注的区域和目标观测,以报文的形式发送至运行控制平台(中心站),由中心站对目标观测进行专家分析、综合处理向观测端发送下行控制指令,包括运行参数控制、观测模式适配、算法模型参数升级和站网资源配置等控制命令,优化观测端观测(图2.7)。

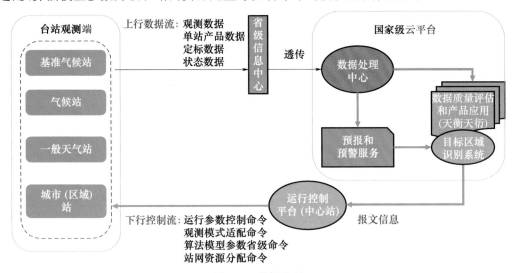

图2.7 数据流程

2.3.4　业务流程

预报和服务系统发布重要天气过程和重点关注区域,国家级智能观测云平台收集到预报和服务报文,针对目标观测制定智能观测模式,对观测端进行指挥和控制,实现目标最优观测,观测端对目标观测结构进行评估,国家级云平台针对天气过程制作预报和服务数据产品,为预报服务提供检验和验证,提升目标观测效益(图 2.8)。

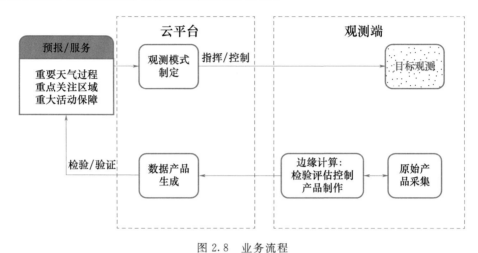

图 2.8　业务流程

2.4　智能化设计(理念)

智能化设计的总体目标是实现能够地＋空＋天整体协调实施,面向预报、预警和服务需求,基于人工智能和高度信息化的高效率垂直观测系统。具体表现为以下几方面:

2.4.1　观测端全数字化、信息化、智能化

综合通信观测端系统是全网下行链路控制重要手段。支持协议加密、报文加密、网络接入身份认证、密钥管理等,支持下行控制二次授权。将实现下行链路控制、安全加密通信、容灾备份通信主要能力。同时支持有线网络通信、4G 通信、卫星通信,并预留标准接口用于扩展其他通信方式。具备高精度定位与授时功能,可以不依赖于其他增强系统平台,实现亚米级高精度定位、北斗毫秒级授时功能,全面满足固定站点位置修正校准、移动站点高精度定位、准确授时的需求。

2.4.2　基于天气系统目标适应性观测智能化观测站网调度

观测系统最优配置的研究长期以来受到气象学家的重视,其中以改善指定验证区预报质量为目标的观测敏感区识别逐步成为研究重点。具体来说,适应性观测是指为了改进某一特定时刻、特定区域的天气预报质量,减小具有重大社会或经济影响的天气事件预报的不确定性,通过客观方法首先识别出该验证区主要天气系统对应的通常位于其上游地区的观测敏感区,然后在该敏感区域利用机载雷达、下投式探空等加强气象观测,并将该观测资料与原有常规、非常规观测资料一起同化,以改进该上游区域气象初始场的质量,从而达到减小验证时刻、验证区数值天气预报误差的目的。显然,为实现观测资料最优配置,观测敏感区的准确识别是适应性观测的关键之一。

2.4.3 针对气象目标的协同智能观测方法和综合数据质控

考虑到为满足水平范围一般在十几千米至二三百千米飑线和中尺度对流复合体等中尺度对流系统的全空间覆盖观测能力,以及几十米到几百米的微型超级单体细微变化的观测能力,以当前业务运行的 S 波段天气雷达为中心,其他观测设备进行布设,形成三个强对流天气观测圈,利用不同波长探测信息获取大气中强对流天气不同的探测信息(微波—降水离子、毫米波—云),结合地面观测、大气垂直观测、卫星及闪电定位探测资料进行数据融合,对天气系统发生、发展做出判断,实现强对流天气空间全覆盖,全生命周期的立体观测(图 2.9、图 2.10)。

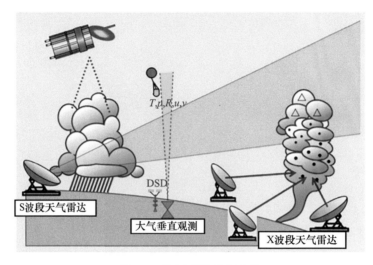

图 2.9 协同观测系统示意

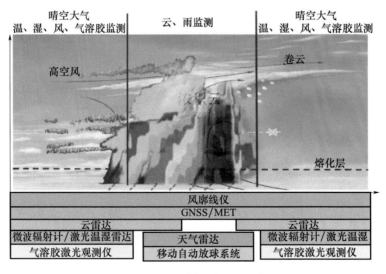

图 2.10 垂直协同观测设计

开展降水条件下风的综合数据质量控制,将毫米波测云仪探测降水粒子多普勒功率谱特征引入风廓线仪信号处理中,用于对降水谱与湍流谱区分,进而减小风廓线仪中降水谱对其计算大气三维速度的影响,提高降水条件下风廓线仪测风精度;开展有云条件下湿度的综合数据质量控制,将毫米波测云仪完整的云信息引入微波辐射计反演算法模型中,确定有云时微波辐射吸收系数,可以减小有云天气对于大气温、湿度反演的影响,扩展微波辐射计的有效探测区间,提高相对湿度反演精度;开展有云条件下气溶胶的综合数据质量控制,利用激光云高仪和毫米波测云仪综合判断晴空回波和气象回波,能够很好地区分晴空回波和云信息、气溶胶和水凝物数据。

2.4.4　面向资料应用的垂直"柱"观测资料和观测产品

通过地面以上 11 m～70 km 高空大气的气象基本变量(气温、水汽、风、水凝物、大气成分、辐射等)垂直大气柱的观测,通过多种技术手段的高效协同观测,综合质控、交叉检验以及观测精度的量化溯源,建立时空同步的面向资料应用的垂直"柱"观测资料。依托地基、探空、飞机、卫星等组成的星、地观测组网,构建多源数据时空匹配算法,建立涵盖大气温度、湿度、风、水凝物、气溶胶等的单站大气柱垂直产品,实现稳定、连续、高时间和垂直分辨率的垂直大气柱基本变量的观测。

2.4.5　基于设备运行状态态势感知的运行保障管理

将态势感知的相关理论和方法应用到气象设备运行保证管理领域,气象观测态势感知可以使气象观测人员宏观地把握整个气象设备网的观测状态,识别出当前观测中的重要天气过程,制定合理的多设备协同观测模型。通过对多设备协同观测数据进行分析和预测,为更科学的气象观测和气象预报提供有力的支撑和参考。

随着时代的发展,单个设备观测或者单类的设备观测已经不能满足观测发展的要求,未来的气象观测一定是多设备,天、地、空设备一体化协同观测的时代。为了实现天、地、空设备一体化协同观测的需求,各种气象设备既是状态数据的发布者,同时也是运行保障策略的订阅者,在基于态势感知的运行保障管理系统的统一协调下,实现多粒度、多层次、高效的协同观测,使得气象观测更具针对性、更智慧(图 2.11)。

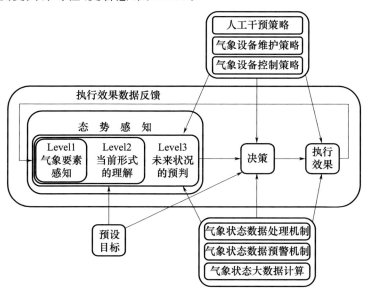

图 2.11　气象设备运行保障态势感知模型

第3章　地基遥感垂直观测设备

3.1　毫米波云雷达

3.1.1　概述

了解云的生成、发展及演变过程对认识天气特征、气候变化及人工影响天气十分重要。云通过反射和散射短波辐射及吸收和发射长波辐射参与地球辐射收支平衡。近年来对于云的辐射强迫响应研究不仅仅局限于云量和云底高度,更加关注云体的垂直结构。随着科学技术的发展,越来越多的新技术、新方法被应用于地基云观测,对云高观测主要有激光云高仪、毫米波云雷达、厘米波雷达等,对云量观测有可见光成像仪、红外成像仪等。厘米波天气雷达和毫米波云雷达作为主动遥感设备,通过发射和接收水平方向或垂直方向上的电磁波束,得到云和降水的宏观和微观信息,为揭示云和降水的垂直结构信息提供精准参考。目前,云的有效探测手段主要包括卫星、毫米波云雷达、激光云高仪、激光雷达、飞机和天气雷达等。

近年来,随着毫米波云雷达探测技术的迅速发展,逐渐成为地基云探测的主要设备。毫米波云雷达主要采用全固态 Ka 波段脉冲发射技术,利用云、雨粒子对电磁波的后向散射原理,获取不同高度层云、雨粒子反射的功率谱信息,通过计算功率谱的零阶矩、一阶矩和二阶中心矩获取云的反射率因子、径向速度、速度谱宽和退偏振比等信息,进一步反演得到云的宏、微观参数(如云类型、云底高、云顶高、云厚、液态水含量、冰水含量、云粒子谱分布)和云动力参数(如湍流强度、大气垂直速度)等特征参数。相比其他仪器,毫米波云雷达具有波长短、灵敏度高、测速精度准、时空分辨率高等特点。

3.1.1.1　功能

毫米波云雷达具有数据采集、通信、处理、存储、内外部标定、质量控制、状态监控、数据产品反演计算等功能,能够获取垂直水凝物廓线的反射率因子、径向速度、速度谱宽和退偏振比等信息,并按照规定数据格式输出。

3.1.1.2　分类

毫米波云雷达根据发射和接收方式的不同,主要分为单发单收、单发双收、双发双收等技术体制。根据观测模式可分为垂直对顶型和扫描型。一般情况下,垂直对顶型毫米波云雷达采用单发单收和单发双收技术体制,扫描型毫米波云雷达多采用双发双收技术体制。

3.1.2　观测方法和原理

毫米波云雷达利用云粒子对毫米波的散射特性反演云宏观和微观结构,连续观测云的水平和垂直结构变化,获取云底、云顶、云厚等宏观参数和反射率、速度、谱宽等微观参数。根据雷达反射率反演云中液态水含量等。根据电磁波极化方式有单偏振和双偏振毫米波测云雷达,利用双偏振毫米波测云雷达可以识别云粒子相态。

毫米波测云雷达工作原理如图 3.1 所示。发射模块输出大功率射频脉冲信号并馈送至天线,经天线集束向空间辐射。当目标进入波束内时,便产生目标反射回波被天线接收下来,经环形器馈送至接收通道,然后送入接收机。信号在接收机内经过放大、滤波,然后进入混频器与本振信号混频,形成中频信号。中频信号又经过放大、滤波等处理后给数字中频接收机。数字中频接收机接到信号后,信号处理系统开始工作。信号处理系统采用全数字化处理,以高速 AD 和 FPGA 为核心,辅以计算机硬件,采用先进的数字下变频和脉冲压缩算法,实现宽脉冲、线性调频的脉冲压缩处理。信号处理器的主要功能是对来自接收机的中频回波信号,先进行 A/D 变换、中频采样,再经过数字混频、滤波、脉冲压缩后抽取等处理得到 IQ 信号。IQ 信号经光纤通信方式传输至终端设备,由后者完成雷达产品处理,最终通过网络以数据包的方式将处理结果送往用户使用。

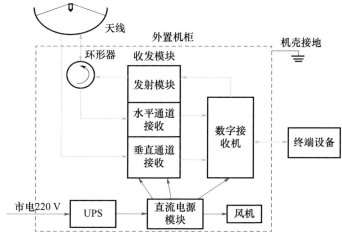

图 3.1　毫米波测云雷达组成框图

3.1.3　探测性能

目前中国气象业务中主要使用的毫米波云雷达的技术指标见表 3.1。

表 3.1　毫米波云雷达主要性能指标

名称	主要技术指标
工作波段	34.5～35.5 GHz
扫描方式	垂直固定指向
探测高度	≥15 km
探测盲区	≤150 m
反射率因子测量范围	−40～30 dBz

续表

名称	主要技术指标
速度测量范围	$-15\sim15$ m/s
谱宽测量范围	$0\sim15$ m/s
反射率因子测量精度	$\leqslant1$ dBz
速度测量精度	$\leqslant0.5$ m/s
谱宽测量精度	$\leqslant0.5$ m/s
云高测量精度	云高<1 km 时，±100 m；云高$\geqslant1$ km 时，$\pm10\%$
天线波束宽度	$\leqslant0.6°$
天线第一副瓣	$\leqslant-20$ dB
天线增益	$\geqslant50$ dB
发射峰值功率	$\geqslant10$ W
发射功率稳定度	$\leqslant0.2$ dB
接收机增益	$\geqslant30$ dB(不含 AGC)
接收机噪声系数	$\leqslant6$ dB
接收系统线性动态范围	$\geqslant80$ dB
设备可靠性	平均故障间隔时间(MTBF)$\geqslant2000$ h；平均故障修复时间(MTTR)$\leqslant0.5$ h
远程监控功能	具有开始观测、停止观测、参数设置、运行状态远程监控功能
自定标功能	具有发射峰值功率和强度的自定标功能

3.1.4 数据应用

3.1.4.1 强对流预警与降水监测

云雷达利用垂直顶空观测模式，分钟级获得天顶方向云、雨廓线精细结构，综合分析降水回波触地和抬升的时间，统计分析降水强度与云雷达基数据的关系，建立降水类型统计模型，可用于强对流预警与降水监测。例如，利用北京南郊观象台 2018 年 1 月—2021 年 12 月，天气现象仪、地面自动气象站、人工观测数据，分别挑选出降雪过程、冰雹过程和降雨过程若干。通过对毫米波云雷达数据与上述 3 类降水过程个例进行时间匹配后，统计得到 3 类不同降水类型条件下，地面空气温度、云雷达反射率因子、径向速度、速度谱宽的分布特征。图 3.2、图 3.3 和图 3.4 分别为降雨、降雪、冰雹 3 种降水类型的地面空气温度、云雷达垂直径向速度最小值、云雷达垂直反射率因子最大值分布情况。由图 3.2 和图 3.3 可知，当空气温度不高于 2 ℃且径向速度最小值大于-3 m/s 时，可以将降雪与降雨、冰雹进行有效的区分；由图 3.2 和图 3.4 可知，当温度高于 2 ℃且反射率因子最大值大于 18 dBz，垂直径向速度最小值小于-9 m/s 时，有利于将冰雹与降雪、降雨进行有效的区分。从而，通过定量分析给出降雨、降雪、冰雹等不同降水类型。

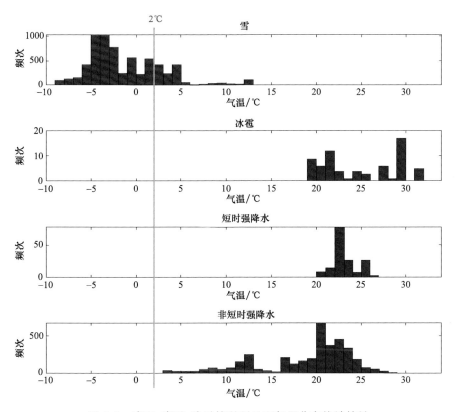

图 3.2　降雨、降雪、冰雹情况下地面气温分布统计结果

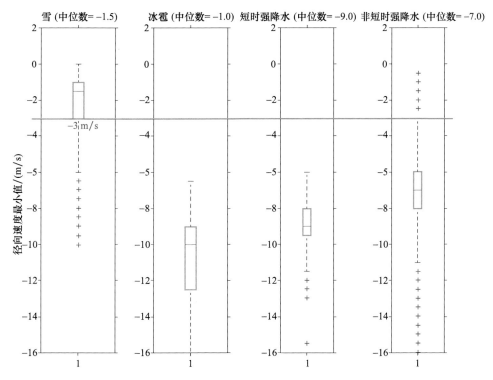

图 3.3　降雨、降雪、冰雹情况下径向速度最小值分布统计结果

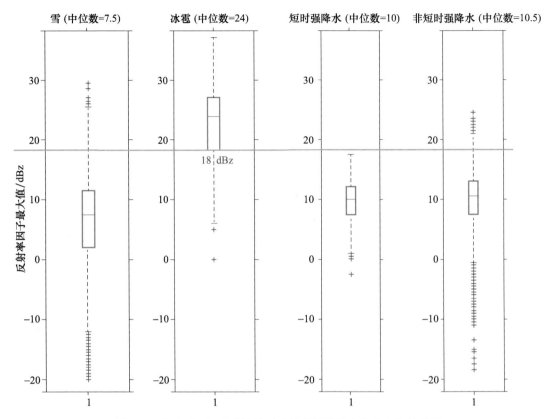

图 3.4 降雨、降雪、冰雹情况下反射率因子最大值分布统计结果

胡树贞等(2022)利用安装在北京的毫米波云雷达,结合地面气象综合观测资料,对 2020 年 2 月 13—14 日一次寒潮天气过程云的垂直结构特征进行了分析。结果表明:寒潮天气过程云雷达能够得到更为精细的云内回波变化和结构特征。降水由降雨转为降雪时云雷达径向速度变化明显,降雨时径向速度在垂直方向上有明显梯度变化,近地面集中在 $-2\sim-6$ m/s,降雪时径向速度从高空到地面无明显突变,保持在 -1.5 m/s 以内。降雨时云雷达反射率因子呈现片状不均匀结构,强度集中在 $0\sim20$ dBz,而降雪时反射率因子强度分布均匀,较降雨和雨夹雪阶段低超过 10 dBz(图 3.5、图 3.6)。

3.1.4.2 大雾监测、预警

雷达将单位体积内云、雨、雾等水凝物粒子直径六次方的总和定义为气象目标的回波强度,当毫米波雷达平扫用于低层雾的观测时,则雷达回波强度反映的全部是雾滴谱的信息,公式如下:

$$Z = \int_{D_{\min}}^{D_{\max}} N(D) D^6 \, \mathrm{d}D \qquad (3.1)$$

式中:Z 为雷达回波强度,$D_{\min}$ 和 $D_{\max}$ 分别为雾滴最小和最大直径,$N(D)$ 为直径为 D 的雾滴密度计数。当雾发生时,雾滴是最主要的气溶胶微粒。雾滴谱直接影响能见度与雷达回波强度。

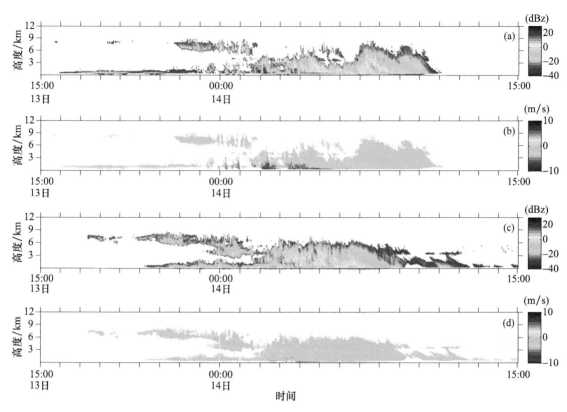

图 3.5　2020 年 2 月 13—14 日北京毫米波云雷达回波随时间-高度剖面(胡树贞 等,2022)

(a)海淀反射率因子;(b)海淀径向速度;(c)延庆反射率因子;(d)延庆径向速度

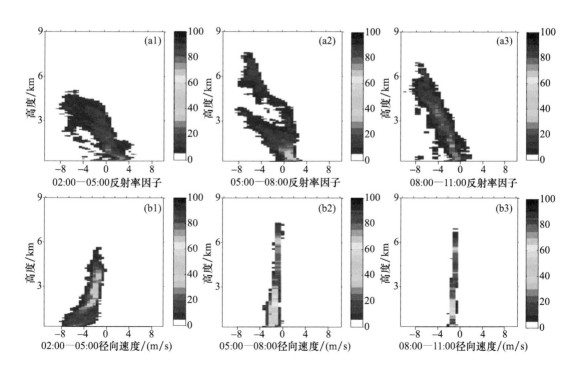

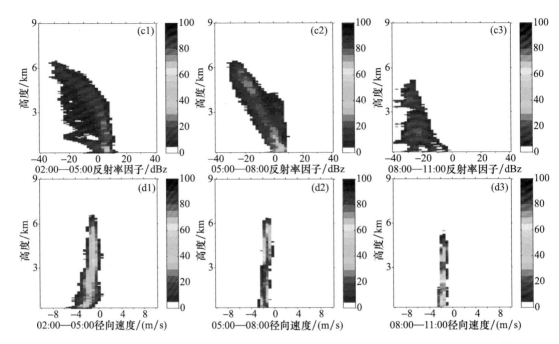

图 3.6　3 个降水过程毫米波云雷达反射率因子和径向速度在垂直高度上的密度分布(胡树贞 等,2022)
(a)海淀反射率因子;(b)海淀径向速度;(c)延庆反射率因子;(d)延庆径向速度

　　胡树贞等利用 Ka 波段扫描式毫米波雷达和自动气象站观测资料,在福建平潭沿海开展海雾遥感观测试验。对 2020 年 5 月—2021 年 3 月试验期间发生的 6 次海雾过程进行特征分析,并基于毫米波雷达开展了雾区能见度反演。结果表明:毫米波雷达可以有效探测海雾的水平分布和垂直结构,可用于监测海雾的生消演变;在海雾发展旺盛阶段,毫米波雷达反射率因子显示从雾层顶部延伸到地表的丝缕状强回波结构;海雾的雷达反射率因子与前向散射能见度呈负相关,但针对每个海雾过程,二者之间并不遵循明确的通用方程;海雾的雷达反射率因子集中在 $-30 \sim -10$ dBz,频率直方图符合正态分布,雾区回波整体上表现为均匀,在雾的生成阶段和消散阶段反射率因子动态范围大,但在持续阶段动态范围小;毫米波雷达反演能见度与前向散射能见度具有较为一致的波动起伏,能够反映雾区能见度变化,但不同的海雾过程存在明显的差异(图 3.7)。

3.1.4.3　融化层监测

　　融化层亮带是指雷达探测到的雪花或冰晶等固态降水粒子在下落过程中,当环境温度高于 0 ℃时表面发生融化,在外表形成一层外包水膜,造成雷达探测的后向反射率增大的现象。融化层亮带在天气雷达 PPI 上表现为环状或半环状的亮圈,在天顶垂直指向云雷达 THI 上表现为平滑的水平亮带。通过对融化层观测,可获取降水云体中冰水转换的微物理信息,对于研究降水机理和人工影响天气作业具有重要意义。早期对融化层亮带的研究主要基于天气雷达和风廓线雷达,由于工作频段特性,主要对较强的层状云降水过程中出现的融化层特征进行分析。

　　云雷达工作在毫米波段,在获取非降水云垂直微物理结构的同时,还可获取中等强度降水云系内部结构信息,主要观测参量包括反射率因子(Z)、径向速度(V)及速度谱宽(SW),部分

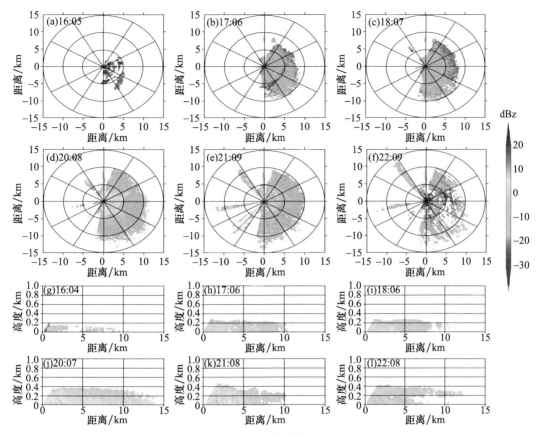

图 3.7　海雾过程毫米波雷达不同时刻反射率因子(胡树贞,2022)

(a～f)PPI;(g～l)RHI

具有双偏振功能的云雷达还可获取退偏振因子(LDR)。在数据应用方面,彭亮等利用 3 mm 云雷达 Z、V、LDR、SW 用于识别云粒子相态,将粒子相态分为冰晶、雪、云水混合体和毛毛雨等,仲凌志等(2009)利用国内自主研发的云雷达进行了云微物理参数反演的初步研究,肖艳娇等(2010)提出了利用雷达的 Z 和 LDR 作为输入参量的融化层高度及厚度识别方法,刘黎平分析了 Z、V 和 LDR 在融化层附近的变化规律,提出通过阈值判别方式进行亮带自动识别。

胡树贞等(2022)基于垂直天顶指向全固态 Ka 波段云雷达探测数据,参考 L 波段业务探空 0 ℃出现的高度区间,在气候背景区间内利用径向速度(V)随高度的梯度变化特征,结合一个较宽的反射率因子(Z)阈值确定融化层高度,实现亮带顶部、底部、最大回波强度及径向速度变化最大值高度的自动提取,并利用业务探空数据对自动识别效果进行验证。利用与 Ka 波段云雷达同址的每天 2 次业务探空数据,查找温度传感器首次出现 0 ℃时的高度,记为探空 0 ℃层高度。然后将 Ka 波段云雷达识别的融化层亮带的时间与探空进行匹配,分析探空 0 ℃层高度和算法识别融化层亮带的上端(HV1)、亮带中值(HV2、HZ)和下端(HV3)的对应值。图 3.8 为试验期间有探空数据的 12 次降水过程,算法识别融化层参量与探空 0 ℃之间的对应曲线。总体看来,算法识别得到的云雷达融化层亮带平均顶高低于探空实测 0 ℃高度 139 m,融化层亮带平均厚度 512 m,这两个特征与其他专家学者的结论基本一致。同样分析 HV2 和 HZ 均值相差 61 m,考虑到云雷达分辨率为 30 m,因此可以认定二者出现在相同的高度上。

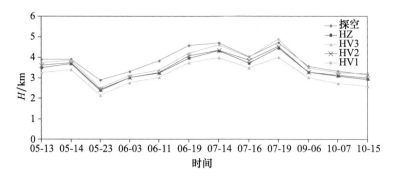

图 3.8 云雷达识别的融化层亮带特征与探空 0 ℃高度对比

3.1.5 定标技术

气象雷达的探测精度或工作性能需要通过内部定标和外部定标等进行校正,其二次产品模型的正确性则需要通过对气象目标的探测比对试验来完成。定标内容主要包括:①反射率因子定标(内部、外部);②速度定标;③极化定标;④差分反射率定标;⑤差分传播相移定标;⑥相关系数定标;⑦距离、方位俯仰角度定标。

图 3.9 为雷达系统框图,通过极化开关切换反射电磁波的极化特性可以得到极化参数,雷达直接得到的一次产品包括反射率因子、径向速度、速度谱宽和线性退极化比、差分回波强度、自相关系数、差分传播相移和差分传播相移率。

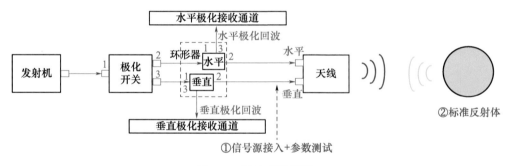

图 3.9 雷达系统框图

对于雷达系统定标,通常包括两种方法,第一种是直接法即系统外部定标,在系统外部某一距离单元放置标准反射体,利用雷达对其探测进而定标整个雷达系统;第二种是间接法即系统内部定标,通过在接收机前端接入信号源(模拟接收信号回波),对整个接收通道进行定标,同时对发射机和天线的指标进行测试,代入到计算公式中完成雷达系统定标。

3.2 风廓线雷达

3.2.1 概述

3.2.1.1 功能

风廓线雷达是一种新型的测风雷达,能够无人值守 24 h 连续提供大气水平风场、垂直气流、大气折射率结构常数等气象要素随高度的分布,具有时空分辨率高、连续性和实时性好的特点,是进行高空气象探测的重要设备,是当前常规气球测风体制的重要补充,是开展天气预报和气象保障的新手段。

3.2.1.2　分类

按照对风廓线探测高度需求的不同,风廓线雷达分为平流层风廓线雷达、对流层风廓线雷达和边界层风廓线雷达 3 类,设备所采用的电磁波频段也有所不同。风廓线雷达多采用 VHF 频段(30～300 MHz)和 UHF 频段(300～1000 MHz)以及 L 波段(1000～2000 MHz)。中间层—平流层—对流层风廓线雷达也称 MST 雷达(Mesosphere-Stratosphere-Troposphere radar),其工作频率在 VHF 频段,这种雷达的研制比 UHF 雷达早,最高探测高度能够超过 100 km,一般用于空间天气的观测等。由于该类型雷达工作波长较长,天线阵面大,气象业务上一般很少使用该类型雷达。对流层风廓线雷达分为两种类型:高对流层风廓线雷达和低对流层风廓线雷达,在中国又分别被称为对流层 I 型和对流层 II 型风廓线雷达。高对流层风廓线雷达的最高探测高度不低于 12 km,其一般工作在 UHF 频段,也有少数工作在 VHF 频段;低对流层风廓线雷达的最高探测高度不低于 6 km,其工作频率在 UHF 频段。对流层风廓线雷达主要用于弥补常规探空站网探测的时空密度不足,监测中小尺度天气系统。边界层风廓线雷达工作在 L 波段,固定式边界层风廓线雷达一般探测高度应大于 3 km,沿海地区和潮湿季节应可达 5 km;当其被用于移动观测系统时,最高探测高度一般不低于 2 km,如车载风廓线雷达、船载风廓线雷达等。边界层风廓线雷达主要用于边界层大气探测,一般用于空气质量或者城市气象观测,也是对最低探测高度高于边界层或者高度分辨率较低的观测系统(如 MST 雷达)的补充。

3.2.2　探测原理和观测方法

风廓线雷达是地基多普勒雷达,几乎可以在任何气象条件下测量空中风和垂直气流廓线。与一般天气雷达不同,风廓线雷达能以晴空大气作为探测对象,利用大气湍流对电磁波的散射作用进行大气风场等要素的探测。

大气湍流主要是大气动力和热力状态的不均匀分布引起的。大气湍流的随机运动使要素场(如风、温度、湿度、气压、折射率等)呈现脉动(涨落)特征。当风廓线雷达向大气层发射一束无线电波时,由于湍流脉动使大气折射率产生相应的涨落,雷达发射的电磁波信号将被散射,其中的后向散射部分将产生一定功率的回波信号。这种由于大气折射率不均匀引起的回波信号与大气中的云雨质点回波散射有所不同,称之为晴空散射。

大气湍流散射是风廓线雷达回波信号的基本成因。根据大气湍流理论,湍流可以看成是多尺度湍涡的叠加。湍涡尺度谱很宽,小到毫米量级,大到千米量级。根据湍能在各种尺度湍涡间的传输特性,湍涡尺度由小到大可以分为耗散区、惯性副区和含能涡区。湍涡尺度谱随高度发生变化,随高度的上升小尺度湍涡逐渐减少。根据大气湍流散射理论,对雷达发射的电磁波能产生有效后向散射的湍流涡旋尺度等于雷达波长的一半,而且雷达波长需要选择在满足均匀、各向同性湍流的惯性副区内。图 3.10 给出最大探测高度与雷达波长的关系,图中 ε 是湍涡消散率。

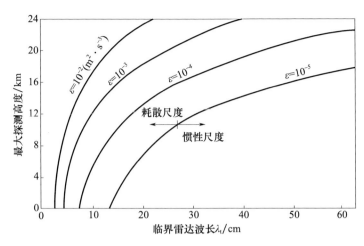

图 3.10 最大探测高度与雷达波长的关系

因此,晴空大气中雷达的体反射率(η)主要是由于大气折射率的不均匀造成的,如果雷达的半波长在湍流惯性区内,则有:

$$C_n^2 = \frac{\eta}{0.38} \lambda^{\frac{1}{3}} \qquad (3.2)$$

式中:λ 为波长,C_n^2 为大气折射率结构常数。

由气象雷达方程可以导出公式:

$$C_n^2 = \frac{K T_0 B N_F}{5.4 \times 10^{-5} \lambda^{5/3} P_t (h/2) G_1 G_2 L_1 L_2} R^2 \cdot \text{SNR} \qquad (3.3)$$

式中:K 为玻尔兹曼常数,T_0 为绝对温度,B 为噪声带宽,N_F 为噪声系数,λ 为波长,P_t 为发射功率,h 为脉冲照射深度,G_1 为相控阵天线发射增益,G_2 为相控阵天线接收增益,L_1 为发射损耗,L_2 为接收损耗,R 为距离,SNR 为信噪比。

从式(3.3)可以看出,对于一个给定的雷达系统,其回波的信噪比与C_n^2成正比。

由于散射气团随风飘移,沿雷达波束径向风速分量的大小将导致回波信号产生一定的多普勒频移,测定回波信号的频移值可以直接计算出某一层大气沿雷达波束径向的风速分量值。雷达信号是一种脉冲信号,因此同一个脉冲信号的前沿达到某一大气层高度(h)时,它的后沿同时正在影响 $h - \Delta h$ 高度的大气,$\Delta h = c \times \delta$,其中 c 为光速,δ 为脉冲宽度。当这个脉冲的回波沿原路返回天线接收系统,脉冲往返的全程为 $2h$,因而只有 $\Delta h/2$ 厚度空气层内的信号能够在同一时刻返回雷达天线接收系统。因而雷达接收系统所得到的信号是 $\Delta h/2$ 厚的空气层的体平均值。雷达电磁波继续往上传播,不断将各层空气处经过多普勒频移的回波信号返回天线接收系统。当发射脉冲达到最大探测高度后雷达将发射第二组探测波束,因而实际测量的多普勒频移值,不但是 $\Delta h/2$ 空间内的平均值,同时又是某一时段内的平均值。

风廓线雷达的功率,包括峰值功率和平均功率,以及大气折射率、湍流能量决定了雷达的最大探测高度。风廓线雷达的回波信号不但非常弱,而且随着高度的升高雷达所测的反射率迅速减小。从风廓线雷达与天气雷达回波信号的比较中可以看出其回波信号的微弱程度。一般降水粒子对 10 cm 波长的微波雷达的反射率是 $10^{-11} \sim 10^{-8}$ m^{-1},而对流层上部晴空大气经常出现的反射率为 $10^{-19} \sim 10^{-16}$ m^{-1}。因为回波信号非常弱,所以极强的弱信号检测能力是对风廓线雷达的基本要求。

因此,风廓线雷达的信号处理要经过相干积分、时域-频域转换、谱平均和谱矩参数估计等几个步骤,具体见图 3.11。

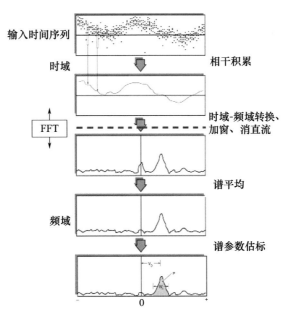

图 3.11　风廓线雷达信号处理

相干积分是改善信噪比的有效方法。在信号相干和噪声非相干的条件下,相干积分对信噪比的改善和积分次数(M)成正比。根据大气回波信号的自相关时间,通过改变相干积累参数可以改变相干积累时间,使得信噪比得到有效提高,有用的气象信号显露出来。时域-频域转换是通过 FFT 变换实现的,和相干积分一样可以提高信噪比,并对地物杂波有一定的抑制作用(FFT 本身就是一个带通滤波器)。经过一次 FFT 变换后,就得到了一次功率谱密度结果。因为气象目标一般存在较强的起伏,所以一次 FFT 得到的功率谱具有较强的脉动性。为了减小功率谱密度的脉动,需要对若干次谱分析得到的功率谱密度再次平均,称为谱平均。它也可以提高信噪比。如果将 N 个独立的功率谱进行平均,其信噪比将提高 $\sqrt{N}$ 倍。经过上述步骤处理后,需要计算各谱矩参量和信噪比。图 3.12 中标出了各谱矩参量的含义。

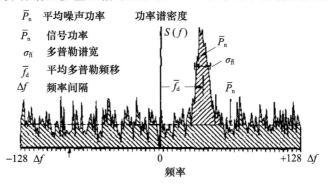

图 3.12　谱矩参数的意义

　　为了能获得风廓线雷达上空三维风场信息,至少需要 3 个不共面的波束。由于相控阵天线波束转换灵活快捷,无抛物面雷达需要的伺服传动部分,天线口径很容易做得很大,可靠性高,维护成本低,故风廓线雷达大多采用相控阵体制。相控阵天线由许多辐射单元排列成一定形状的天线阵列,各辐射单元的辐射能量在空中进行合成,形成具有确定波束指向和一定波瓣性能的波束。天线阵面上,各辐射单元激励电流的相位分布起控制波束指向和波束扫描的作用;激励电流的幅度分布则影响波瓣性能。

　　为了减小测量误差,大部分风廓线雷达采用 5 个波束。5 个波束指向一般是:一个垂直指向波束,四个倾斜指向波束。倾斜波束一般为正东、正西、正南、正北,倾斜波束的天顶夹角一般在 15°左右。图 3.13 给出了 5 波束风廓线雷达波束指向示意图。雷达工作时按东、西、天顶、南、北顺序进行探测,为一个探测周期,约 5 min。

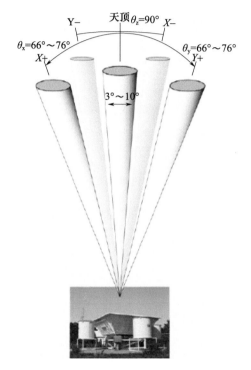

图 3.13　五波束风廓线雷达波束指向示意

　　当风廓线雷达沿某一波束方向探测时,首先根据信号返回的时间进行距离库划分,由此确定回波的位置;再通过频谱分析提取每个距离库上的平均回波功率、径向速度、速度谱宽以及信噪比等气象信息。完成一个探测周期后,便获得了沿不同波束方向、不同距离库上的基础数据。

　　根据一个探测周期内获取的基础数据,进一步计算可以得到包括风廓线在内的多种气象资料。一般是在均匀风场的假设条件下,根据处在同一高度上的几个径向速度值计算得到水平风;自下而上逐层计算不同高度上的水平风,就得到了一条水平风垂直风廓线。具体计算公式为:

$$U_E(h) = \frac{1}{\sin\theta}(V_{RE}(h) - V_{RZ}(h)\cos\theta) \tag{3.4}$$

$$U_{\mathrm{N}}(h)=\frac{1}{\sin\theta}(V_{\mathrm{RN}}(h)-V_{\mathrm{RZ}}(h)\cos\theta) \tag{3.5}$$

$$U_{\mathrm{Z}}(h)=V_{\mathrm{RZ}}(h) \tag{3.6}$$

式中：θ 为倾斜波束的天顶角，$V_{\mathrm{RZ}}(h)$、$V_{\mathrm{RE}}(h)$、$V_{\mathrm{RN}}(h)$ 分别为风廓线雷达在天顶方向、偏东方向、偏北方向测得的径向速度，$U_{\mathrm{E}}(h)$ 和 $U_{\mathrm{N}}(h)$ 分别为水平风在东和北方向的分量，$U_{\mathrm{Z}}(h)$ 为大气垂直运动速度。风廓线雷达测得的径向速度均以朝向雷达方向为正。

对于五波束而言，水平风合成方法是先将两个对称方向的倾斜波束的径向速度进行平均，再按三波束风廓线雷达水平风合成方法计算。

3.2.3　探测性能

目前中国气象业务中主要使用的对流层风廓线雷达和边界层风廓线雷达的技术指标见表 3.2 和表 3.3。

表 3.2　对流层风廓线雷达技术指标

序号	指标项	技术规格要求
1		系统总体技术指标
1.1	雷达体制	全相参脉冲多普勒体制
1.2	采用技术	相控阵天线技术、全固态发射技术、数字接收机技术
1.3	工作频率	在 440～450 MHz 范围内选择点频工作
1.4	最大探测高度	12～16 km（Ⅰ型） 6～8 km（Ⅱ型）
1.5	最小探测高度	≤150 m
1.6	测量范围	风速测量范围：0～80 m/s； 风向测量范围：0～360°
1.7	测量误差（均方根偏差）	风速测量误差：≤1.5 m/s； 风向测量误差：≤10°
1.8	分辨率	风速分辨率：0.2 m/s； 风向分辨率：0.5°； 高度分辨率：低模式为 120 m，高模式为 120 m/240 m/480 m（采用脉冲压缩技术）； 时间分辨率：在 3 波束工作时为不大于 6 min，在 5 波束工作时为 10 min
1.9	输出产品	功率谱和谱的零、一、二阶矩； 回波信噪比； 水平风速、风向； 垂直气流速度和方向； 大气折射率结构指数 C_n^2
2		天线分系统
2.1	倾斜波束倾角	15±5°

续表

序号	指标项	技术规格要求
2.2	波束宽度	≤4.5°（对流层Ⅰ型） ≤7°（对流层Ⅱ型）
2.3	天线增益	≥30 dB（对流层Ⅰ型） ≥26 dB（对流层Ⅱ型）
2.4	双程屏蔽网隔离度	>40 dB
3		发射分系统
3.1	输入峰值功率	≥8 dBm 且≤12 dBm
3.2	输出峰值功率	≥20 kW（对流层Ⅰ型） ≥6 kW（对流层Ⅱ型）
3.3	脉冲宽度	0.8 μs 和 0.8 μs 的倍数，大于 0.8 μs 时具有脉冲压缩功能
3.4	脉冲重复周期	40～200 μs
4		接收分系统
4.1	噪声系数	≤1.5 dB（低噪音放大器输入口）
4.2	动态范围	≥90 dB（不含 AGC）
4.3	相位噪声	≤−120 dBc/Hz@1kHz 杂散＜−60 dBz

表 3.3 L 波段风廓线雷达技术指标

序号	指标项	技术规格要求	
1		系统总体技术指标	
1.1	雷达体制	全相参脉冲多普勒体制	
1.2	采用技术	相控阵天线技术、全固态发射技术、数字接收机技术	
1.3	工作频率	在 1270～1295 MHz 和 1300～1375 MHz 范围内选择点频工作	
1.4	最大探测高度	≥6 km（Ⅰ型）	≥3 km（Ⅱ型）
1.5	最小探测高度	≤100 m	
1.6	测量范围	风速测量范围：0～60 m/s； 风向测量范围：0～360°	
1.7	测量误差（均方根偏差）	风速测量误差：≤1.5 m/s； 风向测量误差：≤10°	
1.8	分辨率	风速分辨率：0.2 m/s； 风向分辨率：0.5°； 高度分辨率：低Ⅰ型低模式为 120 m，高模式为 240 m； Ⅱ型低模式为 60 m，高模式为 120 m（采用脉冲压缩技术）； 时间分辨率：3 波束工作时≤3 min，5 波束工作时为 6 min	

序号	指标项	技术规格要求	
1.9	输出产品	功率谱和谱的零、一、二阶矩； 回波信噪比； 水平风速、风向； 垂直气流速度和方向； 大气折射率结构指数 C_n^2	
2		天线分系统	
2.1	倾斜波束倾角	$15\pm5°$	
2.2	波束宽度	≤4.5°（Ⅰ型）	≤7.5°（Ⅱ型）
2.3	天线增益	≥30 dB（Ⅰ型）	≥25 dB（Ⅱ型）
2.4	双程屏蔽网隔离度	>40 dB	
3		发射分系统	
3.1	输出峰值功率	≥6 kW（Ⅰ型）	≥2 kW（Ⅱ型）
3.2	脉冲宽度	0.8 μs 和 1.6 μs×子脉冲数（Ⅰ型）	0.4 μs 和 0.8 μs×子脉冲数（Ⅱ型）
3.3	脉冲重复周期	10～200 μs	
4		接收分系统	
4.1	噪声系数	≤1.5 dB（低噪音放大器输入口）	
4.2	动态范围	≥92 dB	
4.3	接收机灵敏度	≤−111 dBm（Ⅰ型）脉冲宽度为 0.8 μs ≤−108 dBm（Ⅱ型）脉冲宽度为 0.4 μs	
4.4	相位噪声	≤−120 dBc/Hz@1 kHz 杂散<−60 dBc	

3.2.4　数据应用

3.2.4.1　在数值模式中的应用

风廓线雷达可以提供的风场资料主要有单站的水平风廓线和垂直风廓线，将其组网便可得到区域的三维风场资料。风廓线雷达获取的具有很高的时间分辨率和高度分辨率，如果将其资料用于数值预报可以改进初始场的质量。Benjamin 等（2004）研究了风廓线雷达资料和商业飞机资料分别对 3 h 模式预报改进的贡献（图 3.14）。结果表明，在 700 hPa 高度附近，风廓线雷达资料能够让模式性能提高 30% 以上，这显然与风廓线资料高时间覆盖和较为均匀的垂直分辨率的特征有关，而由于商业飞机探测大多集中在飞行高度之上，对对流层低层了解的贡献率显然无法与前者相比。

Bouttier（2001）给出了风廓线雷达数据应用于 ECMWF（The European Center for Medium-Range Weather Forecasts）的效果，他将美国风廓线雷达网实时的 1 h 平均的水平风资料应用于业务上的全球四维变分同化系统中，结果是该系统能够提供资料同化的初始信息，欧洲风廓线雷达网的资料在经过合理的挑选后未来也可以进入业务应用。理论分析表明，风廓线雷达高时间分辨率的观测资料能够提高资料同化系统的性能。

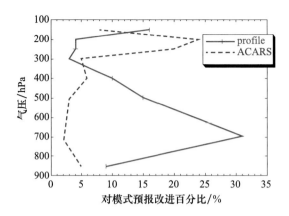

图 3.14　风廓线雷达资料(profile)和商业飞机观测(ACARS)
对美国高空风场模式预报改进的贡献(Benjamin et al.,2004)

3.2.4.2　大气湍流和边界层观测与应用研究

大气湍流是风廓线雷达回波信号产生的基本成因,反之,风廓线雷达也成为观测和研究大气湍流的有效工具。风廓线雷达的优势在于连续观测风的变化,在边界层的探测中非常有效,特别是用于局地风的观测,这种优势,使得风廓线雷达在城市环境监测、环境评估,特别是核安全下的风的监测中发挥了重要作用。通过局地的观测,可以为大气污染的扩散模式提供风场输入源,是一种非常有效的手段。中国的风能利用日益广泛,利用风廓线雷达得到近地面的风速资料,可以为风电场的布局、风电塔的排列提供参考依据。RASS 和风廓线雷达的联合使用,在城市区域的温度和混合层廓线测量中很有用。

3.2.4.3　降水的观测与应用研究

与传统的多普勒天气雷达不同,风廓线雷达(特别是 VHF 风廓线雷达)提供了对流风暴内垂直运动的最好的测量结果,因为气流运动与水滴下落速度可以被区分开。风廓线雷达还被用于记录与强对流相关的中尺度大气环境,包括由三台风廓线雷达观测资料计算得到的涡度和散度。

Ecklund 等(1990)用 915 MHz 风廓线雷达对热带降水云进行分类研究。他们在研究报告中指出,暖云降水被限制在融化层以下现象在 915 MHz 风廓线雷达的观测中表现得很清楚。

3.2.4.4　全球气候研究

风廓线雷达还被用于气候观测,著名的是热带海洋全球大气(TOGA)十年规划。TOGA项目开始于 1985 年,目标是改善耦合海洋大气系统的观测,特别是那些和厄尔尼诺(El Niño)相关的现象。风廓线雷达在 TOGA 一开始,就被 NOAA 的全球项目办公室认定为是一种经济的获取数据稀缺的赤道太平洋上方风信息的方法。来自热带太平洋遥远岛屿上的实时可靠的风测量结果,首先在基里巴斯的圣诞岛上被证实,使用的是一台 50 MHz 风廓线雷达,后来又用了一台 915 MHz 的风廓线雷达。这台风廓线雷达提供了超过十年的几乎连续的对流层风的观测资料。由于它不能观测低于 1.5 km 的风,NOAA 的高层大气物理学实验室开发了一台 UHF 低对流层风廓线雷达来填补底层观测的空白。

TOGA 观测系统中一个重要的部分是横跨太平洋风廓线网络(TPPN),于 TOGA 结束前刚刚完成。TPPN 从西部的印度尼西亚延伸到南美洲西海岸的秘鲁。TPPN 连续运行依靠的是秘鲁、厄瓜多尔、基里巴斯、瑙鲁、巴布亚新几内亚和印度尼西亚等国的合作。目前主要的合作者是科罗拉多大学/环境科学联合研究所(CIRES)与 NOAA 的高层大气物理学实验室。

圣诞岛风廓线雷达已经运行了足够长的时间,提供了太平洋中部上方与 ENSO 相关的风变化的记录。Gage 等(1993)分析了圣诞岛观测到的区域性风并注意到受 ENSO 循环调节的周期性变化。在北半球冬季,对流层上空的西风带在非厄尔尼诺年份中占主导地位。这些对流层上空的西风带被认为与 Walker(沃克)循环相关,在拉尼娜现象中是最强的,这时在西太平洋的暖流区域上空对流活动剧烈。在厄尔尼诺现象中,当对流向东移入太平洋中部时,对流层上空的风大部分被东风带取代。对流层上空的西风带对于热带动力学非常重要,因为它们为对流扰动传入赤道区提供了一个通道。

风廓线雷达还可以直接测量热带地区的垂直运动。这种直接而长期的热带运动测量是风廓线雷达所特有的。它们有助于解释热带大气中的热平衡,因为垂直运动能够给出平衡收支中加热与冷却的绝热成分。尽管 Nastrom 与 VanZandta(2001)证明了在中纬度地区直接测量的垂直运动总是因内部重力波影响而造成偏差,但是重力波在热带大气中的强度是很小的,因此可以实现垂直运动的无偏测量,精度达到 0.01 m/s。

3.2.4.5 湿度廓线的反演

来自垂直指向多普勒雷达的后向散射功率一直以来都被认为很好地描述了大气折射率指数的梯度廓线。雷达测量的折射率结构参数与无线电探空仪测量的折射率指数的梯度的平方具有很高的相关。在低对流层,折射率指数的波动主要是由于湿度的波动引起的。因此,湿度的廓线与低空大气中折射率指数的廓线具有很高的相关。因此,利用风廓线雷达测量的折射率指数可以反演出湿度廓线。

3.2.4.6 其他观测应用

风场与斜压对中纬度地区的日常天气起重要作用。当这些天气系统经过时,风廓线雷达可以对这些系统的关键特性进行完整的测量。特性不仅包括垂直速度、辐散和斜压的变化,还有这些系统产生的垂直气流。通过原始多普勒功率谱或者谱矩参数识别降水,有可能将重要的风的运动特性与降水分布联系起来。

大气重力波的特征是包含水平辐合/辐散与垂直运动。经过引导,它们可以水平或垂直传播。它们导致了垂直和水平动量流动,还可以引发云和降水。风廓线雷达对这些过程提供独特的测量,包括记录大气运动的谱。风廓线雷达有助于识别高山、锋面、上层气流和对流等重力波的来源,并量化它们的相对重要性。

3.2.5 定标技术

边界层风廓线雷达在出厂时已对设备制造装配上的系统误差进行了仔细的校准,使系统误差达到设计要求。使用中,系统标校过程进一步确保边界层风廓线雷达测量风向、风速、C_n^2 的准确性。

风廓线雷达利用频综信号作为机内测试信号源,对数字中频接收机设置专门用于标校的参数,通过自检通道测试接收分系统的性能指标,能够定量测量噪声功率、线性通道强度、系统相干性等指标,进行标校数据处理,显示和保存测试数据和计算结果。

系统主要性能指标标校有:线性通道强度;接收机噪声系数、接收机灵敏度;风速标校(多普勒特性);发射机峰值功率;最小可测信号;系统相干性;C_n^2(强度)。标定分系统由程控衰减器(RF 衰减器)、SPDT 开关 1、射频延时线和固定衰减器组成,见图 3.15。

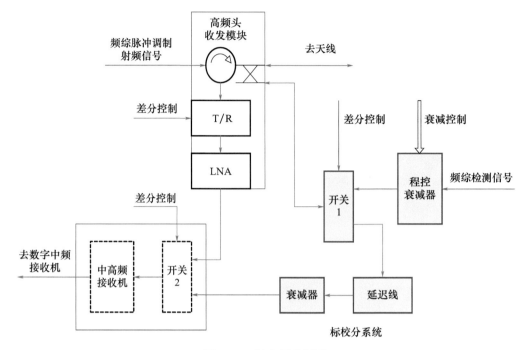

图 3.15　标定原理框图

固定式边界层风廓线雷达设计有完善的自动标定系统。由频综送出具有多普勒频移和时间延迟的测试信号,通过数据处理软件控制将信号通过网络输入到标定网络,通过标定网络输入到 TR 组件的接收端,测试信号再通过信号处理器最终在数据处理系统计算并显示。标定系统的最小可测功率、功率、速度、距离零位置校准。

频综产生的自动标定信号在频率偏移上有 4 种,分别是偏移 0 Hz、10 Hz、50 Hz、100 Hz,信号形式有 3 种,分别是连续波 CW 信号、低模式信号(无脉压)及高模式信号(8 位脉压)。产生的这 4 种含多普勒频移的信号注入到雷达标定网络输入端。对标定信号的强度通过一个 8 位数控衰减器控制,强度从 −70 dBm 可衰减到 −160 dBm。

系统相干性检查采用微波延时线完成。雷达从 TR 组件发射的双向耦合器耦合出发射信号进入标定网络合成,再经过延时线延时 10~15 μs 注入到接收输入端,再经过信号处理和数据处理计算得到系统相干性。

3.3　微波辐射计

3.3.1　概述

气温、相对湿度的垂直分布是描述大气热力状态的基本参数,实时探测大气温度、湿度的垂直结构及其变化,是数值天气预报、气候变化研究以及各种气象灾害预警服务的基础支撑信息。大气温、湿度廓线探测技术手段主要包括:无线电探空、星载遥感探测、掩星探测、地基遥感探测等。

地基微波辐射计主要通过测量多通道大气氧气、水汽吸收谱段的微波辐射亮温,反演实时连续对流层大气温、湿度廓线等多种大气参数,可作为常规高空观测的有益补充,为天气监测、预警、数值预报、人工影响天气作业指挥及作业效果评估提供连续的观测数据和决策依据。

地基微波辐射计的优势是:与探空相比,该设备具有观测成本低、运行可靠、无电磁污染、可连续不间断观测等特点,能够提供天气过程演化的全过程数据;与星载微波辐射计和掩星探测相比,温、湿度被动遥感微波雷达具有连续观测能力和对低对流层、边界层较高的分辨率和探测精度。另外,微波辐射计对云中液态水的灵敏度较高,在陆地上空,被动微波遥感是目前最准确、成本最低的垂直液态水通量测量手段。

3.3.1.1　功能

微波辐射计具有数据采集、通信、处理、存储、内外部标定、质量控制、状态监控、数据产品反演计算等功能,能够获取大气辐射亮温、大气温度廓线、水汽廓线、相对湿度廓线、液态水廓线、积分水汽含量、积分云水含量等信息,并按照规定数据格式输出。

3.3.1.2　分类

按照微波辐射计接收方式的不同,可分为并行直接检波和超外差捷变频两种技术体制。目前较为成熟的微波辐射计生产厂家和装备型号中,美国 Radiometrics 公司的 MP3000A 型和中国的中国兵器工业集团西安电子工程研究所的 MWP967 KV 型微波辐射计均采用超外差捷变频的技术体制,德国 RPG 公司的 HATPRO-Gx 型和中国电子科技集团公司的 QFW-6000 型微波辐射计采用的则是并行检波体制。

3.3.2　观测方法和原理

根据大气对于不同频率微波频段辐射吸收的差异,选择不同微波通道探测大气的亮度温度(亮温)的变化,通常使用微波遥感反演是对大气在 22.2 GHz 至 200 GHz 的频率带中的微波辐射进行测量。其中,22.2 GHz 附近和 183 GHz 附近的特征表现为一个水汽谐振带。根据水汽分布的气压高度表现的压力加宽,60 GHz 附近的特征表现为大气氧气谐振带,而在此波段云液态水的发射光谱无谐振,并近似与频率的二次方成正比(图 3.16)。

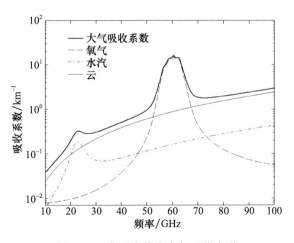

图 3.16　典型中纬度大气吸收光谱

通过测量氧气在 60 GHz 附近的辐射强度或亮度温度得出温度分布。谱线峰值中心位置由于不透明性很强,所有信号均仅来源于天线上方附近;在此峰值中心两侧的频率位置吸收减弱,辐射计则会"看"得远一些。从此峰值向谱线两侧下方扫描,仪器则可通过此方法获得高度信息。在任意高度上的氧气发射电磁波都与当地的温度和氧气密度分布成正比,因此可以得到温度廓线。

通过观测来自于水汽线压力增宽的辐射的强度和形状的信息,可以得到水汽廓线。22 GHz 附近适合进行相对潮湿地区的地基水汽廓线反演;较敏感的 183 GHz 适合干旱环境的地基水汽廓线反演。水汽的发射物在高纬度地区显示为一个很窄的线条,而在低纬度地区显示较宽。发射强度与水蒸汽密度和温度成正比。通过扫描光谱分布和数学反演观测数据,可以得到水汽廓线。

根据上述探测原理,地基多通道微波辐射计应能通过探测大气亮温,结合使用物理方法和统计方法建立反演方法,能长期、自动、连续地提供 0～10 km 的温、湿度廓线,并进而计算得出大气柱积分水汽量、大气柱积分云水含量等多种应用产品,满足气象业务和科研的实际使用需求。

3.3.3 探测性能

目前中国气象业务中主要使用的地基微波辐射计的技术指标见表 3.4。

表 3.4 微波辐射计总体探测性能指标

项目		性能指标
廓线采样速率		采样速率≤2 min
探测高度		≥10 km
天线单元	天线半功率波束宽度	水汽通道≤5°,温度通道≤3°
	天线旁瓣电平	水汽通道<−25 dB,温度通道<−28 dB
	天线罩损耗	≤0.1 dB
接收单元	技术体制	直接检波或混频检波
	工作频率	位于微波波段大气水汽和氧气分子吸收线附近
	通道数量	温度通道≥7
		水汽通道≥7
	噪声系数	水汽通道≤4 dB,温度通道≤6 dB
	亮温测量范围	0～400 K
	亮温灵敏度	水汽通道≤0.2 K(1 s 积分时间) 氧气通道≤0.3 K(1 s 积分时间)
	亮温测量误差	≤1 K RMS
	检波器线性度	0.9999
定标单元	内置黑体温度均匀性	≤0.5 K
	黑体内置温度传感器误差	≤0.2 K

续表

项目		性能指标	
辅助单元	地面温度传感器	测量范围：−50～50 ℃； 允许误差：≤0.2 ℃	
	地面相对湿度传感器	测量范围：5%～100%； 允许误差：≤3%(≤80%)；≤5%(>80%)	
	地面气压传感器	测量范围：500～1060 hPa； 允许误差：≤0.3 hPa	
	雨雪传感器灵敏阈	≤0.03 mm	
采集与控制单元	时钟精度	不会因断电造成走时误差，走时误差不大于 15 s/月	
	存储	满足 1 a 以上基数据和产品等数据存储要求	
观测性能	相对湿度廓线	垂直分辨率： ≤50 m(0～500 m)； ≤100 m(500～2000 m)； ≤250 m(2～10 km)	均方根误差：≤15%
	温度廓线	垂直分辨率： ≤25 m(0～500 m)； ≤50 m(500～2000 m)； ≤250 m(2～10 km)	当高度>2000 m 时，均方根误差：≤1.8 K； 当高度≤2000 m 时，均方根误差：≤1 K
	积分水汽含量	均方根误差≤4 mm	
可靠性	平均故障间隔时间(MTBF)	≥2500 h	
维修性	平均故障修复时间(MTTR)	≤0.5 h	
其他	供电	220 V、50 Hz，电压变化−15%～10%，频率变化±3%时，系统能正常工作	
	功耗	未开启防雾干燥系统加热模块时，整机功耗应≤600 W；最大允许功耗应≤2100 W	

3.3.4　数据应用

微波辐射计观测资料是分析大气热力、水汽、空中云水资源的有效资料，通过反演可得到垂直方向连续的温度、相对湿度、水汽密度、云底高度、垂直积分水汽量、垂直积分液水含量等信息，具有数据连续观测、分辨率高、操作性强的特点。地基微波辐射计可实现全天不间断地面至 10 km 高空的温、湿度观测，被动遥感是它的优势之一。

微波辐射计的温、湿度反演在晴空环境下表现良好，温度廓线、相对湿度廓线、水汽密度廓线均呈现整体上越接近地面，与探空仪的相关越强的特征。能够反映不同地区大气水汽的分布特征，以及降水过程中各层水汽的演变情况，揭示降水垂直方向的精细化结构与演变特征，对进一步深入认识降水过程发展演变具有重要意义。微波辐射计因能获得高频次大气温、湿度廓线，在短时暴雨潜势预报、边界层高度反演、大气水汽含量和云中液态水含量分析、中尺度对流过程分析等方面均得到了广泛应用。微波辐射计通过计算 K 指数等分析降水过程中大气热力、动力结构特征,为雷暴、暴雨、冰雹等强对流天气的监测、预警提供参考。

微波辐射计可以识别人工影响天气作业条件,评价人工增雨潜力,为开展人工增雨作业提供参考;微波辐射计可以用来探测低层大气中的水汽总量,以及温度、湿度和水汽垂直分布廓线,由于其能够提供高时空分辨率的连续监测资料,对分析雾的时空变化过程具有特殊的优越性。在雾的预警、预报和模式检验等方面应用显示出了良好的应用前景。在中小尺度灾害大气过程精细化研究、完善天气预报预警产品指标等方面有重要的应用价值。

3.3.4.1 强对流预警与降水预报

微波辐射计可以实现对温度、湿度、液态水含量的连续监测,监测资料具有时间分辨率高、精度高的优点,分析微波辐射计资料可以得到短时临近天气预报指标,对降水天气有重要的预警和指示作用。

黄晓莹等(2013)发现微波辐射计监测显示的降水情况与实况雨情基本相符,与探空数据相比,微波辐射计的大气温度、湿度廓线等天气要素的垂直分布合理。研究详细分析了 2008年 6 月 17 日 00:00—18 日 12:00 微波辐射计各物理量与降水的关系(图 3.17),从图中可见,微波辐射计监测到的降水发生时段与实际记录的降雨时间基本吻合。由于 K 指数与 DCI 指数的算法有线性相似,两类指数的走向分布大致相同。从图 3.17b 中可见随着降水的出现和结束对应着 K(DCI)指数的下降和上升过程。降水减弱(无降水)时,K(DCI)指数通常能升至 35~40 ℃,出现降水时,K 值迅速下降,时雨量较大时,指数能降至 10 ℃ 或以下,当降水即将结束时,K(DCI)值有回升趋势。另外,当新的一轮降水即将发生(加强)时,K(DCI)指数通常有一个往大值区的跳跃,数值最大可超过 45 ℃,随后强降水出现,指数立刻下降至谷底,这个现象可以用于短时预报强降水的发生。对流有效位能(CAPE)表征的是大气稳定度,数值越大越意味着强对流容易发展,一旦强天气发生,大气不稳定能量得到释放,CAPE 值可降为 0。如图 3.17c 所示,由微波辐射计资料计算得出的 CAPE 能很好地反映降水过程的发生与加强。实况降水发生时,CAPE 明显减小,降水强度越大,CAPE 值越小;当实况降水减弱或停止时,CAPE 再度上升。有此良好的对应关系,则可通过监测 CAPE 的变化情况预报降雨趋势。

郑祚芳等(2009)发现微波辐射计对降水的预报具有指示意义,特别是云中液态水含量的急剧增减过程对降水过程的指示意义更大。敖雪等(2011)对各量级降水的大气水汽含量(V)、云液态水含量(L)进行统计分析,认为 V>5 cm、L>1 mm 以及快速傅立叶变换(FFT)后,V、L 在第 1 个转折点处的特征均可作为降水临近预报指标;去除背景值后,各量级降水前1 h,L 和 V 波动趋势均无明显变化,V 值大小和波动范围减小,但 L 值无变化。

黄煌等(2022)研究表明,微波辐射计反演的大气温度、水汽密度廓线精度较高,其反演的大气水汽资料可以作为降水临近预报的参考:利用 2020 年 1—3 月长沙国家气象站微波辐射计观测资料并结合长沙国家气象站地面降水观测资料,选取 2020 年 1—3 月期间 5 次降水过程前后的大气水汽含量数据与大气液态水含量数据,并分析同时段地面观测的降水情况,了解大气水汽和液态水在降水过程前后的变化特征。5 次过程降水前 1 h 内水汽含量与液态水含量均有明显上升,前者分别上升 0.508 cm、0.26 cm、0.38 cm、0.74 cm、0.79 cm;后者分别上升了 0.03 mm、0.017 mm、0.023 mm、0.016 mm、0.027 mm。两者时间变化基本同步,综合 5次降水过程可看到:当水汽含量高于或者接近 3 cm 且液态水含量接近 0.15 mm 后 1 h 内有较

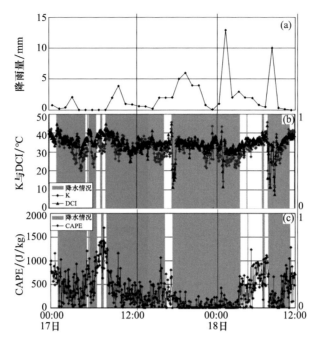

图 3.17　2008 年 6 月 17—18 日遂溪微波辐射计各物理量与降水的关系
(a)逐小时降雨量/mm;(b)K 与 DCI 指数;(c)CAPE

明显降水发生。微波辐射计水汽含量与液态水含量在降水开始前均有明显上升,在降水结束前回落,两者与降水量呈正相关,水汽含量接近 3.5 cm 且液态水含量超过 0.15 mm 可作为判断长沙地区冬、春季降水开始的参考阈值。

白婷等(2021)利用河南省南阳市和鹤壁市微波辐射计反演产品数据,分析了两地区积分水汽与积分液态水时空分布特征及不同季节降水与积分水汽和积分液态水的关系。结果表明:降水天气条件下积分水汽和积分液态水明显大于非降水天气时的积分水汽和积分液态水。

唐仁茂等(2012)利用微波辐射计和多普勒天气雷达,采用水汽相变原理和不稳定指数监测分析方法对冰雹天气过程进行监测分析,发现 MKI、KI、TT 和 HI 这 4 个不稳定指数对强对流天气有很好的指示意义,可以作为临近预警的参考指标。TT、KI、MKI 三者变化较一致,均满足多峰结构,可以选择 KI 代表这 3 个指数来作为该地区强对流天气预警指数。从图 3.18 可以看出,如果选取 KI≥38 K 作为该地区强对流天气预警指标,可以提前 45 min 预警第 1 次降雹时的强对流天气,且分别提前 20 min、40 min 和 42 min 预警第 2、3、4 个对流单体影响该地区。

许皓琳等(2021)利用地基微波辐射计的观测资料研究了 2016 年 8 月昆明长水国际机场出现的两次不同性质雷暴过程在不同发展阶段的温、湿度参量分布和演变特征。结果表明:①天气尺度强迫下雷暴前 40 min,温、湿度廓线表现为低层温度降低、水汽密度升高,雷暴结束后趋于稳定,该变化可反映对流活动的起止。而局地热力雷暴前 8 h~40 min,低层温度持续升高,降水前半小时水汽密度迅速升高,反映出大气层不稳定能量积蓄过程和对流爆发前的空中水汽变化。②积分水汽含量和云内液态水路径在降水前有明显的陡增。③大气可降水量在两类降水过程前半小时显著上升,天气尺度强迫下雷暴降水前总增幅达 14.6 mm,局地热

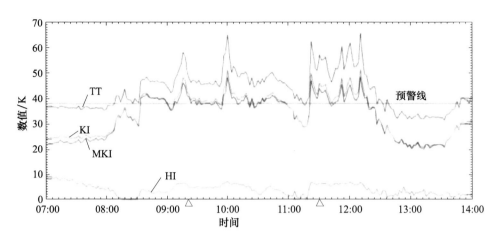

图 3.18　2010 年 4 月 12 日 07:00—14:00 MKI、KI、TT 和 HI 不稳定指数演变趋势(唐仁茂,2012)
(△为冰雹发生时,水平直线为 KI=38 预警线)

力雷暴降水过程前大气可降水量均匀增长 7.6 mm。

苏德斌等(2012)通过探讨"对流启动因子"的探测资料(微波辐射计资料、风廓线雷达资料),分析对流产生的原因,同时结合自动气象站、多普勒天气雷达和卫星等探测资料,对降雪的精细时空结构、天气尺度及中小尺度天气系统进行了分析。

3.3.4.2　雾天气的监测预报

地基微波辐射计可提供高时间分辨率的大气温、湿度和液态水含量廓线数据,为大气层结及云雾形成和演变特征研究提供重要手段。

郭丽君等(2016)利用华北地区 2009—2013 年 11 个雾天气过程的探空数据和系留气艇观测数据,检验了典型雾个例的微波辐射计反演的温、湿度廓线数据,在有雾过程中,相对湿度在 2 km 以下趋近于饱和(图 3.19)。2011 年 12 月 1—7 日,河北涿州一次持续 7 d 先后 3 次的雾、霾过程,3 日上午冷锋过境结束了第一次平流雾过程,从 3 日傍晚开始近地面形成逆温,夜晚辐射雾逐渐形成并发展,雾顶高度不断升高,4 日午后雾有减弱趋势,直至 5 日凌晨辐射雾转化为平流雾,即第二次雾过程。从系留气艇和微波辐射计廓线数据随时间演变的对比(图 3.20)可以看出,微波辐射计的温、湿度廓线数据及其演变特征与系留气艇数据具有很强的一致性。

王春红等(2022)在乌鲁木齐机场利用微波辐射计实时监测局地的温、湿、风等要素的时空演变,在对 2016—2017 年 10 个持续浓雾个例进行分析时发现,浓雾天气时,液态水路径的"出现—增长/波动—减小"过程往往与浓雾的"出现—维持—结束"有一定对应,地面到 500～1000 m 高度多为相对湿度≥95% 的高湿状态,第一逆温层顶高一般在距地面 500 m 以下。分析持续浓雾个例的乌鲁木齐市区和机场两部风廓线雷达资料发现,在浓雾的发生和维持阶段,一般表现空中东南风层形成或维持加强,近地层偏北风出现或维持等特点。在浓雾结束阶段,一般表现空中东南风层减弱或上抬,近地层出现一致西、西北风或偏东风等。垂直风场的变化一般会有 1～2 h 的时间提前量,在临近预报中有一定的指示意义(图 3.21)。

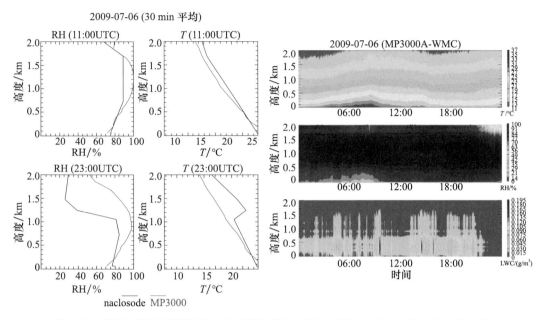

图 3.19　微波辐射计反演温度与相对湿度廓线与探空观测对比(2009 年 7 月 6 日轻雾)

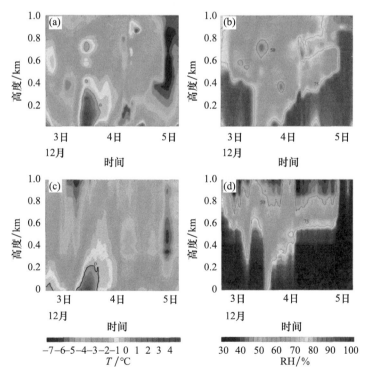

图 3.20　2011 年 12 月 1—7 日河北涿州雾霾过程系留气艇和微波辐射计廓线数据随时间演变的对比
(a)系留气艇探测的温度;(b)系留气艇探测的相对湿度;(c)微波辐射计探测的温度;(d)微波辐射计探测的相对湿度

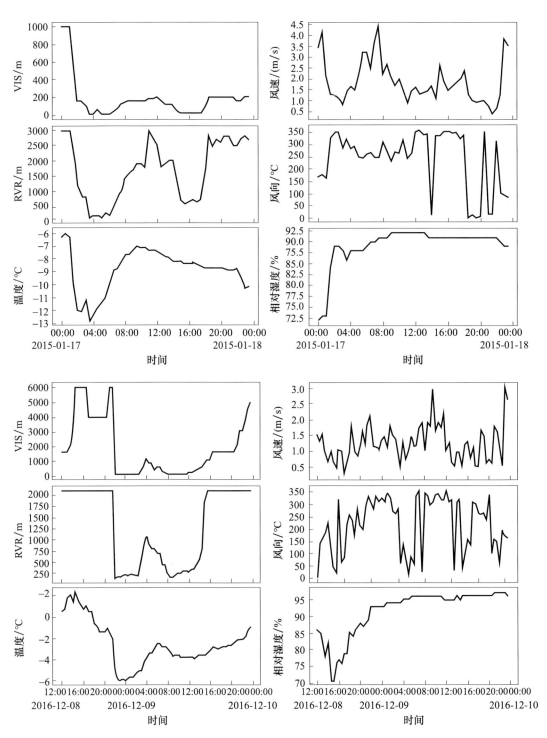

图 3.21　乌鲁木齐机场持续浓雾过程地面气象要素(能见度(VIS)、跑道视程(RVR)、温度、
相对湿度、风向、风速)演变特点(王春红,2022)

3.3.4.3　人工增雨潜力判别

微波辐射计能探测空中云液态水含量的变化,可用于人工增雨作业潜势条件的识别。液态水路径和可降水量是描述天气和气候的重要物理量,也是人工增雨作业条件判别的两个重要指标,利用微波辐射计可以反演云水路径和可降水量。黄建平等(2010)发现微波辐射计计算得出的反演值(液态云水路径和可降水量)与实际观测值较为接近与卫星反演资料相比,其年变化趋势比较吻合。利用改进的神经网络方法得到的反演结果,在没有降水的情况下,比仪器输出值对云更加敏感、精准。微波辐射计高时间分辨率的实测资料有利于云中温度层高度、过冷水区等人工增雨作业条件的识别,从而提高人工增雨作业条件识别的准确性。

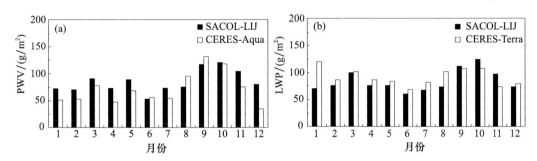

图 3.22　SACOL 站观测资料反演对比
(a)可降水量（PWV）的神经网络（ANN）反演值与研究反演值对比;
（b）液态云水路径（LWP）的神经网络反演值与研究反演值对比

3.3.4.4　雷达路径积分衰减估算

张北斗等(2015)利用辐射传输模式和微波辐射计反演出液态水廓线,计算有云情况下的大气整层透过率,进而计算路径积分衰减(PIA)信息,用于降水雷达反演分析。

3.3.4.5　反演大气边界层高度

根据微波辐射计的温、湿度廓线资料可以反演出大气的边界层高度。黄俊等(2022)基于微波辐射计温、湿度廓线资料,采用气块法、位温法和比湿法,计算得出广州地区大气边界层高度,对比分析边界层高度结果及其与气象条件、空气质量的关系,结合典型大气污染过程分析边界层高度对 $PM_{2.5}$、O_3 浓度的影响。田野等(2022)通过位温气块法反演了北京市国家大气探测试验基地的大气边界层高度,统计其日变化和月际变化特征,并与相应的探空反演结果进行对比,结果表明:日间大气边界层高度的变化特征与日照时长对应关系很好。

3.3.4.6　土壤冻融应用研究

蒋雨芹等(2021)利用 2017 年 6 月—2018 年 6 月中国科学院若尔盖高原湿地生态系统研究站玛曲观测场地基微波辐射计等观测数据评估了黄河源区草原下垫面土壤冻融过程,结果表明:L 波段微波辐射计监测土壤冻融状态的结果与近地面气温和浅层土壤温度表征的土壤冻融过程基本一致。

3.3.4.7　数值试验研究

王叶红等(2010)发现微波辐射计资料同化对降水强度预报有改善作用。单站及两站微波辐射计资料同化均对降水强度预报有改善,但改善程度不如 3 部微波辐射计资料同时同化的结果明显。这说明同化的中尺度水汽场信息越多,初始场的质量越高,对降水预报模拟效果越好。

3.3.4.8　微波辐射计应用的局限

微波辐射计的精度评估表明,微波辐射计在应用场景方面存在一定的局限。在有云的情况下,特别是低云和厚云存在时,微波辐射计温、湿度廓线精度降低,主要原因是云的存在导致水汽吸收系数的不确定,虽然地基微波辐射计配置的红外传感器可以获得云底的高度从而对反演结果进行修正,但其对云内信息的测量仍然很有限;在降水条件下,天线罩上附着的水滴会降低微波辐射计的反演精度,但利用纳米材料制作天线罩,并配备鼓风机向天线罩表面吹气等方法可有效减小水膜效应。为了进一步减小降水带来的误差,在计算垂直积分水汽含量、液态水含量、水汽廓线时可利用自带的降水传感器对数据进行剔除。

3.3.5　定标技术

3.3.5.1　定标基本原理

微波辐射计的定标,就是用微波辐射计去接收一个微波辐射计特性已知的定标源的辐射信号,以构造出输出电压与输入噪声温度的定量关系的过程。通常令辐射计的输入端分别相连,得到噪声温度之间与其匹配负载的输出电压的关系,确定定标方程。

如果微波辐射计接收机的线性度良好(辐射计电压的输出与接收到的辐射亮温的关系是线性的),那么就可以根据两点决定一条直线,这样一种函数的原则确定定标曲线,即我们通常所说的两点定标法。

如果辐射计线性度一般,通常采用多点定标法,可以利用精密可衰减器或低温噪声源对接收机进行定标,从而减少辐射计的误差来源。

3.3.5.2　内部定标与外部定标

为了获得定量的辐射信息,对微波辐射计的定标精度要求在 $0.5\sim1.0$ K。大多数的微波辐射计接收机都有一个或两个内部噪声源提供定标测量,但是由于波导的损耗,辐射计参数的缺乏以及其他的很多原因,使得一些外部定标必须开展。有几种常用的外部定标方法:

第一种为外部黑体参考目标定标法,让辐射计观测两个稳定的、不同温度的噪声源(黑体目标)。常常将黑体作为高温噪声源,将液氮作为低温噪声源,也就是"两点定标法"。还有的微波辐射计采用"四点定标法",即噪声注入多点测量的非线性定标法,其优点在于,它认为地基微波辐射计不是一个理想的线性微波辐射计系统,充分考虑检波二极管的功率的非线性特征,从而有效地减少或消除由检波二极管功率的非线性特征造成的系统非线性误差,非线性定标曲线如图 3.23 所示。

本系统的非线性模型可以通过以下的公式来表述:

$$U = GP^{\alpha}, 0.9 \leqslant \alpha < 1 \tag{3.7}$$

式中:U 为检波器的电压,G 为接收机的增益系数,α 为非线性系数,P 为总功率。根据普朗克微波辐射定理,它与微波辐射计的亮温(T_R)的关系如下:

$$P(T_R) \approx \frac{1}{e^{\frac{h\nu}{k_B T_R}} - 1} \tag{3.8}$$

图 3.23 是检波器对系统总噪声温度的响应曲线。T_{sys} 是系统噪声温度,T_n 是注入的噪声温度,T_c 是总的噪声温度(当微波辐射计使用冷源来定标时),T_h 是环境温度的噪声温度。本系统假设 T_n 是恒定的。为了得出系统增益(G),非线性系数(α)和系统噪声温度 T_{sys},本系统

采用了四点法,来自动校准非线性系统增益的误差。在校准过程中,抛物线天线扫描两个定标源(冷源和热源),并得出检波器的输出 U_1、U_3。U_2 和 U_4 分别为引入、注入噪声,从而得出检波器的输出电压值。

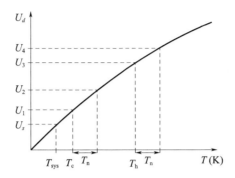

图 3.23　检波器对噪声温度的响应

一般在一定的周期内或者设备移动后进行一次定标。使用液氮定标虽然精确,但缺点是操作较为复杂,且运输、放置不方便。对于 60 GHz 的氧气吸收线,其亮温与目标的亮温范围较为接近,用此方法最为有用。

第二种外部定标方法为 Tipping-Curve(倾斜曲线)方法。在 20~45 GHz 范围内,对应的晴天亮温范围应为 10~50 K,要找到在此亮温范围内的目标比较困难,此时可以采用 Tipping 定标法,即利用不同仰角的亮温转化为衰减,调整其定标系数满足线性关系。

第三种外部定标方法为天顶扫角定标法。天顶扫角定标法适合于地球大气高透射率的频率,也就是说观测亮温是受宇宙辐射温度(2.7 K)影响的。这种定标法是建立在在不同高度角上得到的电压值与相应位置上的大气亮温的关系来进行定标的。湿度廓线(22~32 GHz)最适合这种定标模式。光学厚度和亮温的关系是:

$$\tau_v = \ln\left(\frac{T_{mr} - T_{B0}}{T_{mr} - T_B}\right) \tag{3.9}$$

式中:T_{mr} 为大气温度在方向角 θ 上的均值,T_{B0} 是 2.7 K 的宇宙背景辐射温度,T_B 是每个通道的亮温。T_{mr} 的定义如下:

$$T_{mr} = \frac{\int_0^\infty T(z) e^{-\tau(z)} \sigma_a dz}{1 - e^{-\tau(\infty)}} \tag{3.10}$$

图 3.24　天顶角定标示意

天顶角定标仅仅对湿度通道进行定标。

此外,还有亮温计算法。将微波辐射计放置于有探空数据的地方,在晴空情况下利用辐射传输模型计算的模拟亮温作为一个定标源。一般选择高吸收的频段,如60 GHz的氧气频段,此频段亮温对于不同的辐射传输模型不敏感,因此较为准确。

3.4 气溶胶激光雷达

3.4.1 概述

3.4.1.1 功能

激光雷达是集"光、机、电、理"为一体的主动光学廓线定量遥感工具,是传统雷达技术与现代激光技术相结合的产物。自从1960年第一台激光器诞生以来,激光光源以其单色性好、方向性佳、相干性强、亮度高等独特优势得到快速发展,并被迅速应用于许多研究领域。激光问世后,科学家立即提出了大气探测激光雷达系统的设想。激光雷达精细的时间分辨率、优越的方向性和相干性、大的垂直跨度、高的探测精度和实时快速的数据获取能力吸引了各国研究人员的关注,已经被广泛应用于大气探测、环境监测、航天与国防等领域。

大气探测激光雷达可用来探测大气气溶胶和云、污染气体(臭氧、二氧化硫、二氧化氮等)、温室气体(二氧化碳、甲烷等)、大气温度、密度、水汽、风场、能见度和大气边界层等。其能对环境污染物扩散、沙尘过程进行有效的监测,对温室气体浓度的变化进行监测,为航空、航天提供飞行保障,为国防应用提供重要的大气参数,为研究气候变化、天气预报和建立大气模型提供基础数据。

3.4.1.2 分类

激光雷达系统包括激光发射单元、望远镜接收单元、后继光路及探测器和信号采集与运行控制单元。激光器发出的脉冲入射到大气中,与大气中的空气分子、痕量气体、气溶胶和云等相互作用,其后向散射光被望远镜接收后,经过探测和采集,并进行算法反演就可以得到大气的相关廓线信息。激光与大气相互作用时,不同大气成分的作用机制各异,有气溶胶粒子的米散射、大气分子的瑞利散射、非球型粒子的退偏散射和气体原子的共振散射等弹性散射;以及空气分子的拉曼振动或转动产生的、相对于入射光有一定频移的拉曼散射;由于大气风的作用产生的相对运动,产生的多普勒散射等。因此,大气探测激光雷达从技术上可分为米散射激光雷达、偏振激光雷达、拉曼激光雷达、差分吸收激光雷达、高光谱分辨率激光雷达、瑞利散射激光雷达、共振荧光激光雷达和多普勒激光雷达等;根据其运载平台不同,还可以分为地基、车载、机载、空载、星载式激光雷达等。激光雷达具有的高时空分辨率和高信噪比与脉冲激光技术的发展和光电探测器性能的提高密切相关。脉冲激光器的重复频率和脉宽以及采集卡的采样频率决定了激光雷达的高时空分辨,高量子效率的探测器和背景光抑制技术能有效提高信噪比,提高了探测精度。如:当激光雷达采集卡的采集频率为20 MHz时,其空间分辨率为7.5 m,而且光电倍增管(photomultiplier tube,PMT)和雪崩二级管(avalanche photodiode,ADP)优越的性能和窄带滤波片的使用,大幅度提高了探测的信噪比。另外,从脉冲激光器的重复频率和脉冲能量的角度来说,还有微脉激光雷达和高重频激光雷达。普通激光雷达的脉冲能量为几十到几百毫焦量级,或者更高,脉冲重复频率几十赫兹。微脉激光雷达的脉冲能量小,约为微焦量级,但其重复频率为千赫兹或者更高,其特点是人眼安全、结构紧凑。高重频激光雷达的特点是重复频率高,也是千赫兹或者更高,但是能量也能达到毫焦量级。以美国的云-气溶胶传输系统(cloud-aerosol transport system,CATS)的激光器来说,它的脉冲重复频率 4~5 kHz,脉冲能量为 1~2 mJ。

3.4.2　观测方法和原理

YLJ1(三波长八通道)型拉曼和米散射气溶胶激光雷达在产品立项准备开发时,完全对标中国气象局对拉曼和米散射气溶胶激光雷达的要求进行专门设计和研发,该款产品从设计阶段开始,产品的功能规格需求以 2019 年中国气象局综合观测司发布《拉曼和米散射气溶胶激光雷达功能规格需求书》作为研制依据,结合各地方气象局实际的使用环境需求、场地需求、使用维护需求进行功能的设计和开发,以满足气象局业务部门的实际有效使用为目标。

拉曼和米散射气溶胶激光雷达产品的技术原理如图 3.25,系统采用 Nd:YAG 激光器的 355 nm、532 nm、1064 nm 波段作为发射光源,经过内部扩束镜系统和反射镜后射向大气,大气的后向散射回波信号经过接收光学系统(望远镜)接收然后通过分光元件二向色镜及滤光片后分别进入 8 个探测通道的 8 mm 探测面源的探测器中进行回波信号的接收,其中 8 个通道分别为 355 P、355 S、386 nm、407 nm、532 P、532 S、607 nm、1064 nm 接收通道,系统采用高性能窄带(带宽≤1 nm)滤光片,高精度探测米散射及水汽信号,将光信号转化为电信号,然后对信号进行滤波、去噪、放大、采样计算,最后通过反演算法在软件界面上将测量结果以伪彩图和曲线图的形式展现出来。

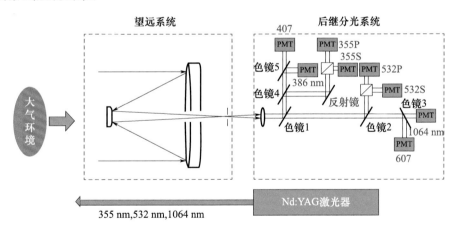

图 3.25　多波长偏振拉曼和米散射大气探测激光雷达技术原理示意

拉曼和米散射气溶胶激光雷达由发射系统、接收系统、数据采集控制系统三部分组成,见图 3.26。

根据设计目标和设计方案,通过研制和集成的方法完成雷达系统硬件的研制。在保证激光雷达系统满足主要目标参数的前提下,在系统的稳定性、小型化与便携性方面进行优化。当激光脉冲发射到大气中时,在传播路径上的大气颗粒物粒子和云粒子对激光脉冲产生散射和吸收,不同高度(距离为时间的函数)的后向散射光的大小与不同高度上大气颗粒物粒子特性有关,后向散射信号包含大气颗粒物的粒径、颗粒物类型以及颗粒物浓度、大气水汽湿度等信息。后向散射光被激光雷达接收望远镜接收,通过求解米散射激光雷达方程就可以反演相对

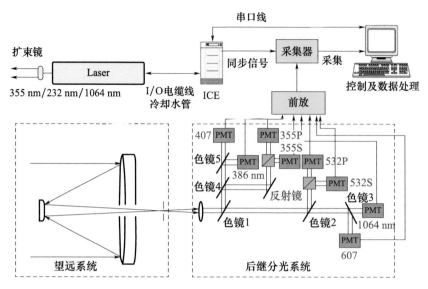

图 3.26　多波长偏振拉曼和米散射大气探测激光雷达系统技术路线

应高度的大气颗粒物产生的消光系数,进而可以分析大气颗粒物的相关性质。

激光雷达在采集程序的控制进行循环工作,激光发射器向大气中发射 355 nm、532 nm、1064 nm 波长探测光,每一个激光脉冲均被传输路径上的空气中水汽分子、大气颗粒物或云散射,大气后向散射光被接收望远镜接收,依次通过小孔光阑和准直透镜以后变成平行光。由分光镜把波长 355 nm 回波信号和波长 532 nm、1064 nm 分离分别进入对应探测通道,进行模数转换。波长 355 nm 紫外回波信号 P 偏振、S 偏振及其对应的拉曼散射信号 386 nm、407 nm 经过滤光片后,进入 PMT 转换为电信号;波长 532 nm 回波信号被检偏棱镜分成两束,一束为垂直分量,另一束为平行分量,垂直分量经过滤光片后直接进入光电倍增管,其对应的拉曼散射信号 607 nm 经过滤光片后,进入 PMT 转换为电信号,1064 nm 回波信号进入光子 APD 探测器转换为电信号,经过放大器放大后对数据实时显示和存储。

采集控制软件可以根据实际需要设定工作参数进行定时采集,为了保证系统长时间稳定运行,采集控制程序根据预置的工作参数,监测系统温度、湿度和数据的有效性,判断激光雷达系统工作是否正常,实现全自动无人值守探测。

3.4.3　探测性能

目前中国气象业务中主要使用的气溶胶激光观测仪(三波长)的探测性能如表 3.5 所示。

表 3.5　技术指标

系统名称	指标	指标要求
发射系统	工作波长	355 nm,532 nm,1064 nm
	脉冲宽度	≤50 ns
	激光能量	≥1 mJ@1064 nm ≥0.5 mJ@532 nm ≥0.3 mJ@355 nm

系统名称	指标	指标要求
发射系统	发射激光脉冲线宽	≤0.2 nm
	发射激光的偏振比	≥100∶1
接收系统	望远镜类型	采用透射式或反射式望远镜
	工作波长	300～2000 nm
	望远镜口径	≥250 mm
	接收通道	355 nm 垂直,355 nm 平行,532 nm 垂直,532 nm 平行,1064 nm,386 nm 氮分子拉曼,407 nm 水汽分子拉曼,607 nm 氮分子拉曼
光电转换和数据采集系统	光电探测器类型	APD/PMT
	光电探测器模式	模拟或光子计数
	数据采集器采样频率	≥10 MHz
	采样位数	模拟通道:≥12 bit(有效位) 光子计数通道:200 Mc/s
	干涉滤光片带宽抑制	≥OD4
	不同波长之间的串扰	≤1%
	偏振平行到偏振垂直的串扰	≤1%
	米散射到拉曼散射通道的串扰	≤0.01%
性能指标	有效探测范围	≥10 km
	连续工作时间	可 24 h 连续工作
	空间分辨率	7.5 m 及其倍数
	时间分辨率	1～30 min 可调
	数据产品种类	气溶胶消光系数、气溶胶后向散射系数、气溶胶粒子退偏振比、云信息、光学厚度、污染物。混合层高度、能见度、颗粒物浓度廓线
	距离测量精度	不大于其空间分辨率
	气溶胶后向散射系数精度	米散射:0.5～2 km:不大于20%,满足后向散射系数>1×10⁻⁷时,2～5 km:不大于40%(不计入激光观测仪比误差)
	气溶胶后向散射系数精度	拉曼散射:0.5～2 km:不大于25%,2～5 km:不大于30%(不计入激光观测仪比误差)
	气溶胶消光系数测量精度	米散射:0.5～2 km:不大于20%,满足后向散射系数>1×10⁻⁷时,2～5 km:不大于40%(不计入激光观测仪比误差)
	气溶胶消光系数测量精度	拉曼散射:0.5～2 km:不大于30%,2～5 km:不大于40%
	数据格式	按照《拉曼和米散射气溶胶激光雷达功能需求书》数据字典的要求
标校项目	系统线性度	≥95%
	接收横截面四象限均匀性	2～5 km:至少有三个象限的平均相对偏差≤20%
	偏振通道增益比	偏振系统光轴一致性:相对偏差≤10%
		增益比稳定性:相对偏差≤15%
	大气瑞利信号拟合一致性	相对偏差≤15%
	重叠因子(与标准雷达比)	0.2～0.5 km:平均相对偏差≤50%

系统名称	指标	指标要求
标校项目	距离平方校正信号	0.5～2 km:平均相对偏差≤10%
		0.5～2 km:平均标准偏差≤10%
		2～5 km:平均相对偏差≤20%
		2～5 km:平均标准偏差≤20%
自动标定系统	标定内容	校准光信号的动态范围大于 10^4,能够对激光雷达的动态范围、信噪比、偏振通道的串扰、偏振增益比等进行校正,同时能够模拟晴空、有云和沙尘等多种天气条件下的大气回波信号
数据质控系统	数据质控和反演	可以实现对激光雷达数据进行预处理、异常数据剔除、数据分级、实时反演,可实现原始数据质量控制、反演结果质量控制等工作
标准输出控制单元	监控和控制内容	具备雷达及附属设备监测、维护维修痕迹管理、远程控制、雷达性能在线分析及产品前期质控等功能
设备	电磁兼容性要求	产品通过电快速瞬变脉冲群抗扰度测试、浪涌抗扰度测试、静电放电抗扰度测试、电压暂降和短时中断抗扰度测试,满足产品电磁兼容性要求
	平均无故障运行时间	≥1000 h
	工作温度	舱外装置:－40～50 ℃,舱内装置:10～30 ℃
	电源要求	单相,AC220 V±15%,50 Hz±5%
	激光器寿命	≥3000 h
气溶胶激光雷达（三波长）采集控制软件	采集控制	能够采集355 nm,532 nm,1064 nm 等多路信号,可选择将不同通道的信号全部显示或单独显示,能够对信号曲线进行缩放
	参数设置	能够对站点信息、数据存储路径、采集时间间隔、每组采集脉冲数进行设置
	状态显示	界面上可实时显示激光器、采集卡模块工作状态;可显示采集日志和系统错误提示信息
气溶胶激光雷达（三波长）数据分析软件	数据展示	实时展示雷达当前24 h采集的数据结果
	数据产品	气溶胶消光系数、气溶胶后向散射系数、气溶胶粒子退偏振比、云信息、光学厚度、污染物、混合层高度、能见度、颗粒物浓度
	数据导入	可将历史数据进行导入加载,反演展示
	参数设置	可实现对数据路径、位置信息、算法参数等的配置

3.4.4 数据应用

3.4.4.1 气溶胶激光雷达的应用

气溶胶激光雷达可提供高质量的一级、二级、三级数据产品,满足气象、气候、环境监测等领域的应用需求(表3.6)。

（1）一级数据产品

一级数据产品主要包括各通道的大气探测激光雷达信号、气溶胶颗粒物时空演化图等。该级数据产品可用于测量气溶胶层、云层等目标层的准确层顶及层底高度；实时获取并显示气溶胶颗粒物时空演变状态，可实现对污染状态和污染过程的实时动态监测。

三波长气溶胶激光雷达可提供的一级数据产品包括 5 个弹性散射通道（355 nm 平行、355 nm 垂直、532 nm 平行、532 nm 垂直、1064 nm）和 3 个拉曼通道（387 nm、407 nm、607 nm），共 8 个通道的大气探测激光雷达信号、实时气溶胶颗粒物时空演变图。

（2）二级数据产品

二级数据产品是在一级产品基础上科学推演得到的物理量。主要包括后向散射系数、消光系数、偏振系数、水汽混合比、色比、能见度等参数及其时空演变图。二级数据产品可以用于分辨各空间尺度的大气颗粒物的模态，实现对自然源和人为源、粗粒子和细粒子的区分以及获取大气能见度信息。

（3）三级数据产品

三级数据产品是由二级数据产品利用米散射的数学物理模型科学推演得到的大气颗粒物微物理特征，包括粒子谱、有效半径、复折射指数、粒子浓度（体浓度、表面积浓度、数浓度）以及质量浓度等。该级数据产品可用于定量分析大气颗粒物组成及浓度，为大气污染防治提供先进有效的监测手段。

表 3.6　气溶胶激光雷达数据产品及应用

数据产品	产品内容	应用
一级	弹性散射通道（355 nm 平行、355 nm 垂直、532 nm 平行、532 nm 垂直通道、1064 通道）及拉曼通道（387 nm、407 nm、607 nm）激光雷达信号、实时气溶胶颗粒物时空演化图	1. 测量气溶胶层、云层等目标层的准确层顶及层底高度； 2. 获取并显示气溶胶颗粒物时空演变状态，实现对污染状态和污染过程的实时动态监测
二级	355 nm、532 nm 后向散射系数；355 nm、532 nm 消光系数；355 nm、532 nm 偏振系数；水汽混合比	1. 分辨各空间尺度的大气颗粒物的模态； 2. 实现对自然源和人为源、粗粒子和细粒子的区分； 3. 获取大气能见度信息
三级	粒子谱信息，包括粒径信息以及粒子浓度	定量分析大气颗粒物组成及浓度

沙尘气溶胶是地球大气中主要的气溶胶类型，同时又是影响气候变化的最不确定的关键因子。随着激光雷达探测技术不断发展，现已成为沙尘观测的重要方式。气溶胶激光雷达可探测大气目标物（气溶胶、云层以及沙尘）的垂直分布，图 3.27 为沙尘天气过程，宏观可见 8～10 km 存在沙尘分布，结合图 3.28 气溶胶雷达反演得到偏振信息可得到大气类型，近地面～2 km 高度气溶胶层，退偏比值在 0.15 左右，主要以人为污染物为主，8～10 km 高度退偏比值在 0.25 左右，为沙尘；图 3.29 为气溶胶雷达反演得到的微观光学参数，如后向散射系数、消光系数；将得到的光学参数进行深度反演，获取粒子谱的时空分布，分析近地面～5 km 高度污染物质量浓度变化，主要存在两层气溶胶，$PM_{2.5}$、PM_{10} 最大值分别为 60 $\mu g/m^3$、400 $\mu g/m^3$，见图 3.30、图 3.31。气溶胶激光雷达可为研究沙尘、气溶胶污染物输送、动态变化以及污染治理提供科学依据，具有实际指导意义。

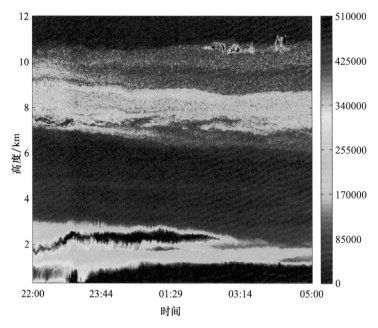

图 3.27　气溶胶激光雷达距离修正信号时空演变
（强度信息为激光雷达在对应时刻、距离的距离修正信号）

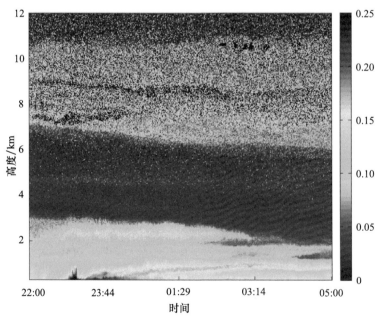

图 3.28　气溶胶激光雷达退偏比时空演变
（强度信息为激光雷达退偏比信息，用于表征大气目标物类型）

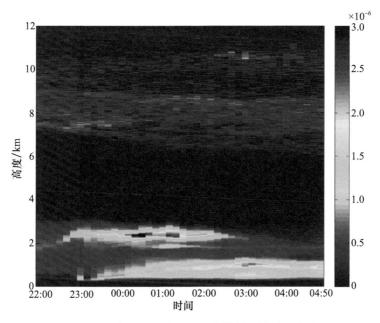

图 3.29　气溶胶激光雷达后向散射系数时空演变

（强度信息为激光雷达反演得到的后向散射系数）

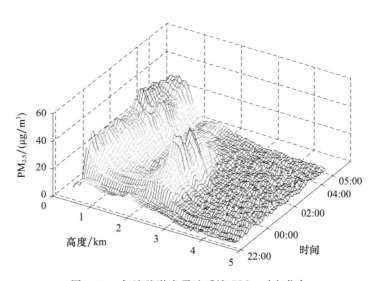

图 3.30　气溶胶激光雷达反演 $PM_{2.5}$ 时空分布

　　近年来,中国诸多地区不断遭受雾、霾污染的侵袭,雾、霾问题涉及气溶胶组分结构、分布特征及其传输过程等多个方面,其中以 $PM_{2.5}$ 对人类健康危害最大,气溶胶激光雷达可实现从地面原位探测到 $PM_{2.5}$ 廓线探测的突破。图 3.32 为重雾、霾天气过程,宏观可见近地面~1.5 km高度存在雾、霾层,结合图 3.33 分析气溶胶雷达反演得到偏振信息可得到大气类型,近地面~1.5 km 高度雾、霾层主要以人为污染物为主;图 3.34 为气溶胶雷达反演得到的微观光学参数,如后向散射系数、消光系数;将得到的光学参数进行深度反演,获取粒子谱的时

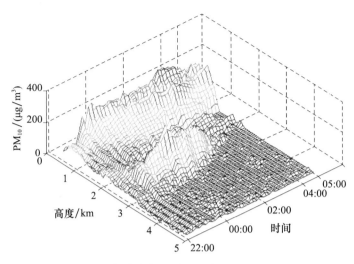

图 3.31　气溶胶激光雷达反演 PM_{10} 时空分布

空分布,图 3.35、图 3.36 是近地面～1.5 km 高度污染物质量浓度变化,$PM_{2.5}$ 浓度最高可达 600 $\mu g/m^3$,PM_{10} 浓度最高可达 4000 $\mu g/m^3$,为研究雾、霾动态变化以及污染治理提供科学依据,具有实际指导意义。

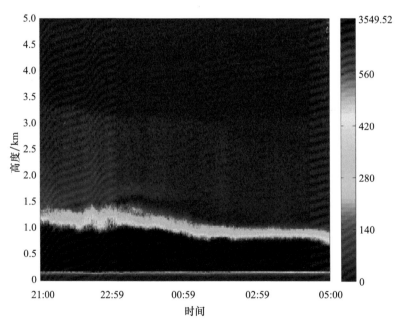

图 3.32　气溶胶激光雷达距离修正信号时空演变

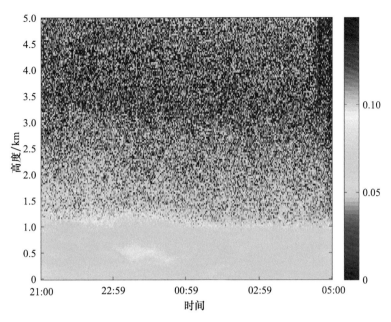

图 3.33　气溶胶激光雷达退偏比时空演变

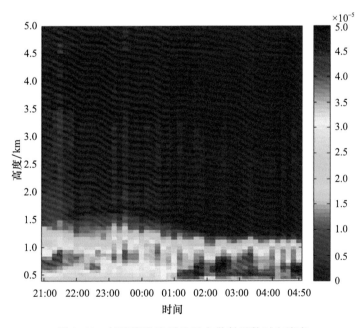

图 3.34　气溶胶激光雷达后向散射系数时空演变

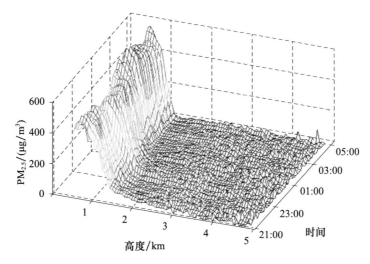

图 3.35　气溶胶激光雷达反演 $PM_{2.5}$ 时空分布

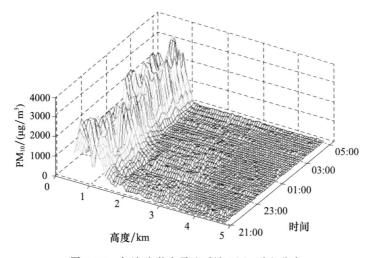

图 3.36　气溶胶激光雷达反演 PM_{10} 时空分布

3.4.4.2　气溶胶激光雷达的局限

与微波雷达等设备相比,气溶胶激光雷达使用受天气影响相对较大。

3.4.5　定标技术

3.4.5.1　环境条件

①室内温度在 10～30 ℃内,空气相对湿度≤95%。

②室外温度在 −40～50 ℃内,空气相对湿度≤90%。

③水平能见度不小于 15 km 的晴朗天气条件下,风速不大于 5 m/s。

④利用标准激光雷达定标时,应使标准激光雷达和待定标激光雷达处在同一观测场内并同步观测,两者观测的时间偏差应小于 10 s。

3.4.5.2　标准器及配套设备

标准器及配套设备技术要求见表 3.7。

表 3.7　标准器及配套设备技术要求

编号	基本仪器设备名称	主要技术指标	备注
1	中性密度滤光片（衰减片）	透过率范围:0～100%； 透过率精度:≤5%	至少 4 种,用于系统线性度定标
2	四象限接收遮光装置	尺寸:能覆盖望远镜口径,平均可拆分的四个象限； 形状:圆形； 材质:每个象限密闭不透光	根据厂家各自激光雷达接收望远镜的尺寸自制,用于接收横截面四象限均匀性定标测试
3	半波片	相位延迟:λ/2； 延迟精度:≤λ/100	覆盖探测波长,用于偏振通道增益比定标
4	四分之一波片	相位延迟:λ/4； 延迟精度:≤λ/100	覆盖探测波长,用于偏振通道增益比定标
5	消偏器	直径大于接收系统光束直径	覆盖探测波长,用于偏振通道增益比定标
6	标准激光雷达	经过国家有关部门认可,主要指标重叠因子≤200 m,气溶胶后向散射系数和消光系数测量精度:米散射平均相对偏差和平均标准偏差≤15%(0.5～5 km;不计入激光雷达比误差);拉曼散射气溶胶后向散射系数和消光系数≤15%(0.5～5 km;不计入激光雷达比误差);稳定性:激光平均功率:衰减≤1%/月;发射角≤1 mrad;接收视场角≤2 mrad;探测器增益:衰减≤1%/月;暗电流:衰减≤1%/月	用于重叠因子、距离平方校正信号、后向散射系数和消光系数测量精度定标
7	标准数字仿真信号源	考虑不同的气溶胶类型的后向散射系数、消光系数、色比,模拟真实大气情况,包括随机噪声、天空背景、暗噪声,同时加入激光雷达系统参数如望远镜口径和脉冲能量等,通过激光雷达方程和蒙特卡洛方法获得	气溶胶后向散射系数反演算法验证

3.4.5.3　定标项目

定标项目、分类及技术要求见表 3.8。

表 3.8　定标项目与技术要求

序号	项目	分类	定标要求
1	气溶胶后向散射系数反演算法	单部激光雷达算法定标	0.5～2 km:平均相对偏差≤10%； 2～5 km:平均相对偏差≤20%
2	系统线性度	单部激光雷达硬件定标	判定系数≥95%
3	接收横截面四象限均匀性		2～5 km:至少有 3 个象限的平均相对偏差≤20%
4	偏振通道增益比		偏振系统光轴一致性:相对偏差≤10%； 增益比稳定性:相对偏差≤15%
5	大气瑞利信号拟合一致性		相对偏差≤15%

续表

序号	项目	分类	定标要求
6	重叠因子	与标准激光雷达的比对	0.2～0.5 km:平均相对偏差≤50%
7	距离平方校正信号		0.5～2 km:平均相对偏差≤10%, 0.5～2 km:平均标准偏差≤10%; 2～5 km:平均相对偏差≤20%, 2～5 km:平均标准偏差≤20%
8	米散射气溶胶后向散射系数测量精度[a]		0.5～2 km:平均相对偏差≤20%, 0.5～2 km:平均标准偏差≤20%; 满足后向散射系数>1×10⁻⁷时,2～5 km:平均相对偏差≤40%, 2～5 km:平均标准偏差≤40%
9	米散射气溶胶消光系数测量精度[a]		0.5～2 km:平均相对偏差≤20%, 0.5～2 km:平均标准偏差≤20%; 满足后向散射系数>1×10⁻⁷时,2～5 km:平均相对偏差≤40%, 2～5 km:平均标准偏差≤40%
10	拉曼气溶胶后向散射系数测量精度		0.5～2 km:平均相对偏差≤25%, 0.5～2 km:平均标准偏差≤25%; 满足后向散射系数>1×10⁻⁷时,2～5 km:平均相对偏差≤30%; 2～5 km:平均标准偏差≤40%
11	拉曼气溶胶消光系数测量精度		0.5～2 km:平均相对偏差≤30%, 0.5～2 km:平均标准偏差≤30%; 满足后向散射系数>1×10⁻⁷时,2～5 km:平均相对偏差≤40%, 2～5 km:平均标准偏差≤40%

[a] 计算过程统一激光雷达比,不计入激光雷达比的误差。

3.5 GNSS/MET

3.5.1 概述

GNSS 遥感具有全天候、高精度、高时空分辨率、自校准和低成本等优点,近 20 余年一直是国际遥感应用研究的热点。按信号传播方式,GNSS 遥感可分为折射信号遥感和反射信号遥感。折射信号遥感为通过测量 GNSS 卫星信号穿过大气层发生的折射估计大气参数,如大气可降水量和电离层电子总含量等。反射信号遥感是通过测量 GNSS 卫星信号到达地面时发生的反射估计地表参数,如积雪深度、土壤湿度和植被含水量等。按探测平台,GNSS 遥感可分为地基 GNSS 遥感、空基 GNSS 遥感和天基 GNSS 遥感。

地基导航卫星水汽探测系统由以下部分组成:导航卫星信号接收机、接收天线、标准输出控制单元、辅助气象要素测量单元。系统结构见图 3.37。GNSS/MET 卫星信号探测技术流程见图 3.38,由图可见,通过天线接收 GNSS 射频信号,射频信号输入前端射频单元,进行频点选择、滤波和转换,形成各导航卫星系统以及各频点的数字基带信号。这些数字基带信号输入基带数字信号处理单元,形成各导航卫星系统以及各频点的载波相位观测量、伪距观测量和原始信号强度等基数据。基于北斗系统的基数据和来自辅助气象要素测量单元的气象数据,北斗单站水汽解算单元生成北斗单站水汽产品数据。基数据、单站水汽产品数据和气象观测数据输入标准输出控制单元,经统一质控后上传省局气象信息中心或国家气象信息中心。

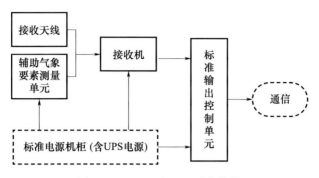

图 3.37　GNSS/MET 系统结构

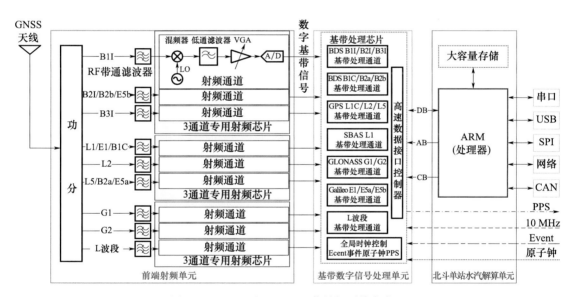

图 3.38　GNSS/MET 卫星信号探测技术流程

3.5.2　观测原理和方法

导航卫星发射的载波信号在穿过大气层时受到大气的折射而延迟,将该延迟量作为待定参数引入到解算模型中,并逐项考虑误差的来源和消除的办法,精密的大气延迟量(毫米级)可以与定位参数一同求解出来。大气延迟可划分为电离层延迟、静力延迟和湿项延迟。通过采用双频技术,可以将电离层延迟订正到毫米量级。静力延迟与地面气压具有很好的相关,也可以订正到毫米量级。这样就得到了毫米量级的湿项延迟。湿项延迟与大气可降水量可建立严格的正比关系。基于地面气温可线性估计大气加权平均温度,进而计算湿项延迟与大气可降水量的转换系数,从而实现大气可降水量探测。

首先由接收天线获取卫星信号,将 GNSS 卫星信号的极微弱的电磁波能转化为相应的电流,再由天线前端的前置放大器将 GNSS 信号电流予以放大,便于接收机对信号进行跟踪、处理和测量。接收机收到信号后,内置的变频器将卫星射频信号转变成低频信号,经信号通道搜索卫星,锁定并跟踪卫星,对广播电文数据信号实行解译,解调出广播电文,进行伪距测量、载波相位测量、多普勒频移以及载噪比测量和记录。根据站点观测以及卫星轨道等数据计算电离层延迟和天顶对流层总延迟。基于载波相位观测量的导航定位方程如下(Teunissen ct al.,2017),

$$\varphi_{r,j}^s(t) = \rho_r^s(t) + \zeta_{r,j}^s(t) + c(\delta_{r,j} - \delta_j^s) + c(dt_r(t) - dt^s(t) + \delta t^{rel}(t)) - I_{r,j}^s(t) + T_r^s(t) + \lambda_j(\omega_r^s(t) + N_{r,j}^s) + \varepsilon_{r,j}^s(t) \tag{3.11}$$

式中:$\varphi_{r,j}^s$ 为载波相位观测的卫星信号发射天线相位中心至地面信号接收天线相位中心之间的伪距,$\rho_r^s(t)$ 为卫星信号发射天线相位中心至地面信号接收天线相位中心之间的几何距离,$\zeta_{r,j}^s(t)$ 为卫星信号发射天线相位中心偏移量和变化量与地面信号接收天线相位中心偏移量和变化量之和,$\delta_{r,j}$ 和 δ_j^s 分别为卫星和接收机的硬件延迟,$dt_r(t)$、$dt^s(t)$ 和 $dt^{rel}(t)$ 分别为接收机钟差、卫星钟差和相对论效应;$I_{r,j}^s(t)$ 和 $T_r^s(t)$ 分别为沿着信号路径的电离层延迟(与频率有关)和对流层延迟,λ_j 为波长,$\omega_r^s(t)$ 和 $N_{r,j}^s$ 分别为相位缠绕和整周模糊度,$\varepsilon_{r,j}^s(t)$ 为残差,s、r 和 j 分别表示卫星、地面接收机和频点,c 为真空中的光速。基于双差法或精密单点定位技术,可求解上述方程。在求解上述方程过程中,采用双频法消除电离层延迟,并通过引入静力项投影函数、湿项投影函数和梯度投影函数,将天顶对流层总延迟(Z_t)作为方程中的未知数之一进行求解,T_r^s 和 Z_t 的转化关系如下式,

$$T_r^s = M_h(\theta)Z_h + M_w(\theta)Z_w + M_g(\theta)[G_{ns}\cos\alpha + G_{ew}\sin\alpha] \tag{3.12}$$

$$Z_t = Z_h + Z_w \tag{3.13}$$

式中:Z_h 和 Z_w 分别为静力延迟和湿项延迟(ZWD),M_h、M_w 和 M_g 分别为静力项投影函数、湿项投影函数和梯度投影函数,G_{ns} 和 G_{ew} 分别为南北向水平梯度和东西向水平梯度。在求解 Z_t 的过程中,首先基于 Z_h 和 Z_w 的先验模型给出 Z_t 的初值,在基于最小二乘法求解的过程中,通过调整 Z_w 的数值,获得高精度的 Z_t 数值解。因为基于先验模型估计的 Z_h 以及调整后的 Z_w 不能分别单独代表对流层的干空气和水汽影响的实际变化情况,因此需要采用下式对求解的 Z_t 进行分离,假设静力平衡,中性大气的 Z_h 可表示为,

$$Z_h = 10^{-6}k_1 R_d \frac{P_s}{g_m} \tag{3.14}$$

$$g_m = 9.784[1 - 0.00266\cos(2\lambda) - 0.00028H] \tag{3.15}$$

式中:P_s 为 GNSS 天线高度位置的气压(hPa),λ 为 GNSS 天线位置的纬度(°),H 为 GNSS 天线的大地高(km),g_m 近似代表大气柱质心的重力加速度(m/s²)。基于 Z_w 计算 IWV(用 W 表示)的公式如下,

$$W = Z_w \cdot \Pi = Z_w \cdot 10^6 / \left[\rho_w R_v \left(\frac{k_3}{T_m} + k_2'\right)\right] \tag{3.16}$$

式中:T_m 为大气加权平均温度(K),k_2' 为常数,计算公式为,

$$T_m = \frac{\int (P_v/T)dz}{\int (P_v/T^2)dz} \tag{3.17}$$

$$k_2' = k_2 - k_1 \frac{R_d}{R_v} \tag{3.18}$$

式中:P_v 和 T 分别为水汽压(hPa)和气温(K),本研究基于 ERA5 再分析资料计算 T_m。式 (3.14)、(3.16)和(3.18)中,k_1、k_2 和 k_3 为大气折射率系数,R_d、R_v 和 ρ_w 分别为干空气气体常数、水汽气体常数和水的密度,这些系数取值见表 3.9。k_1 和 R_d 是在干空气中二氧化碳体积比为 0.0375% 条件下的测定结果(Jones et al.,2020),该 R_d 的取值较 ICAO 发布的结果略小 0.013 J/(K·kg),ICAO 发布的 R_d 值是在干空气中二氧化碳体积比为 0.0314% 条件下测量结果(ICAO,1993)。表 3.9 中 ρ_w 为在标准大气压和 293.15 K 环境条件下的测量结果。另外,统计发现 T_m 与地面气温 T_s 呈良好的线性关系:

$$T_m = a + bT_s \tag{3.19}$$

在实际应用中可通过地面气温的观测值确定这个参数。

表 3.9　湿延迟转换整层大气水汽含量系数

系数	定义	取值	参考文献
k_1	大气折射率系数	77.643±0.0094 K/hPa	Jones, et al.,2020
k_2	大气折射率系数	71.2455±1.3 K/hPa	Jones, et al.,2020
k_3	大气折射率系数	(375.201±0.76)×10^3 K^2/hPa	Jones, et al.,2020
R_d	干空气气体常数	287.027±0.02 J/(K·kg)	Jones, et al.,2020
R_v	水汽气体常数	461.522±0.008 J/(K·kg)	Kestin et al.,1984
ρ_w	液态水密度	998.21 kg/m^3	Stull,2015

3.5.3　探测性能

3.5.3.1　GNSS 水汽接收机(表 3.10)

表 3.10　GNSS 水汽接收机技术指标

序号	项目	技术指标
1	观测频点	BDS 系统 B1、B2A、B2B,GPS 系统 L1、L2、L5,GLONASS 系统 G1、G2,GALILEO 系统 E1、E5a、E5b
2	可用卫星	具备多频同步跟踪地平仰角 0° 以上的所有可用卫星
3	同步卫星跟踪通道数	北斗系统每个频点不低于 14 个通道,其他系统每个频点不低于 12 个通道
4	冷启动首次定位时间	接收机在概略位置、概略时间、星历和历书未知的状态下开机,到首次能够在其后 10 s 连续输出三维定位误差小于 100 m 的定位数据,所需时间应不超过 120 s
5	热启动首次定位时间	接收机在概略位置、概略时间、星历和历书已知的状态下开机,到首次能够在其后 10 s 连续输出三维定位误差小于 100 m 的定位数据,所需时间应不超过 20 s
6	初始化可靠性	≥99.9%
7	测距码观测精度	10 cm
8	载波相位观测精度	1 mm

序号	项目	技术指标
9	自动校时	接收机能够自动校时,采样整秒时刻与卫星之差≤1 ms
10	钟频	晶振日稳定度不低于 10^{-8}
11	最高采样率	≥20 Hz
12	测距观测质量(多路径效应)	≤0.5 m
13	有效观测量	高度角在 10°以上的观测量≥95%
14	观测数与周跳数之比	对于 24 h,采样率为 30 s 的测量,当卫星仰角在 10°～90°时,大于 3000,在 0°～10°时,大于 1000
15	水平方向静态测量精度	3 mm±0.3 ppm① RMS
16	垂直方向静态测量精度	5 mm±0.4 ppm RMS
17	单站天顶对流层总延迟最大允许误差	±18 mm(时间分辨率:≤5 min,产品时延:≤5 min)
18	单站大气可降水量最大允许误差	±3 mm(时间分辨率:≤5 min,产品时延:≤5 min)
19	中心站天顶对流层总延迟最大允许误差	±9 mm(时间分辨率:≤5 min,产品时延:≤10 min)
20	中心站大气可降水量最大允许误差	±1.5 mm(时间分辨率:≤5 min,产品时延:≤10 min)
21	数据存储	支持文件循环存储,可至少同时存储多种采样率的数据,接收机内置存储≥64 G,具有自动覆盖功能,同时数据下载时,仍能进行卫星连续跟踪
22	数据传输	支持 TCP/IP、NTRIP 协议,内置 FTP 服务支持 FTP 主动上传
23	通信端口	至少 1 个以太网端口(RJ45),至少 1 个 RS232 串口,1 个 485 串口,至少 2 个 USB 端口,至少 1 个 WIFI 端口
24	外接原子钟频标接口	原子钟 5 MHz 或 10 MHz
25	功耗	接收机与扼流圈天线的整体功耗应在 8 W 以内
26	远程控制	可进行远程软件升级、远程参数设置和远程复位,采用基于 Web 的控制界面
27	数据信息的获取接口	能够提供接收机的工作状态及卫星跟踪情况(包括但不限于接收机型号、序列号、固件版本、天线型号、天线序列号、量高方式、天线高、卫星健康状况、跟踪卫星数目、信号状态、电压、主机温度、剩余存储空间、连续运行时间、外部输入状态)等数据信息的获取接口
28	观测数据输出	支持每分钟输出观测文件、导航文件和气象文件,格式应符合 RINEX3.03 及以上版本标准;实时流数据格式符合 RTCM3.2 及以上版本标准
29	电源	接收机至少有两个外部电源端口,用于交流电及蓄电池供电,其中交流电需适配器转换

① 1 ppm＝10^{-6},下同。

序号	项目	技术指标
30	电池	内置集成电池连续工作时间超过 12 h
31	断电恢复	非正常断电后恢复供电自动恢复工作
32	平均故障间隔时间(MTBF)	平均故障间隔时间(MTBF):≥3000 h

3.5.3.2 GNSS 天线(表 3.11)

表 3.11 GNSS 天线技术指标

序号	项目	技术指标
1	扼流圈天线相位中心允许偏差	±2 mm
2	扼流圈天线相位中心稳定度	一年内变化:±1.0 mm
3	天线国际认证	国际认证的天线相位中心订正模型,BDS 系统 B1、B2、B3,GPS 系统 L1、L2、L5,GLONASS 系统 G1、G2,GALILEO 系统 E1、E5a、E5b
4	天线罩	具有低损耗无反射天线罩

3.5.3.3 质量控制模块(表 3.12)

表 3.12 质量控制模块技术指标

序号	项目	技术指标
1	主机	要求主频 1.5 GHz 及以上四核处理器,内存 4 GB 及以上,硬盘存储容量≥128 GB
	对外接口	4 个及以上 USB3.0 接口;1 个 RS232 串口且带 12 V 电源引脚,1 个 RS485 串口
	数据分发模块	具备至少 4 个 RJ45 端口,且所有端口均具备限速转发能力
	系统	Linux 系统
	软件架构与开发工具	B/S 架构
2	功能	数据质量控制、接收机运行状态监控、接收机远程控制、关键指标参数统计分析、数据资料上传、数据断点续传、异常告警、环境监控、网络状态监控和气象数据采集等
3	辅助气象模块	气压测量范围:450~1100 hPa,最大允许误差:±0.3 hPa(需出具国家气象计量权威机构检测报告)
		气温测量范围:-60~60 ℃,最大允许误差:±0.2 ℃(需出具国家气象计量权威机构检测报告)
		相对湿度测量范围:0~100%,最大允许误差:±10%
		通信:支持串口通信;电源:使用直流电源,工作电压 12 V
		数据采样率:1 Hz,数据输出频率:每 1 min 输出一次数据
		具备防辐射罩
		支持向 GNSS 接收机自动传输数据
4	数据输出格式	观测文件、导航文件和气象文件应符合 RINEX3.03 及以上版本标准;实时流数据格式符合 RTCM3.2 及以上版本标准;状态文件应和观测数据文件命名应满足附件要求

3.5.3.4 气候环境要求

(1)GNSS水汽接收机

工作温度:在-40~65 ℃的环境下能正常工作;

防水防尘:应全密封防水防尘,符合IP67及以上标准;

(2)GNSS天线

工作温度:在-40~65 ℃的环境下能正常工作;

防水防尘:应全密封防水防尘,符合IP67及以上标准;

(3)质量控制模块

工作温度:在-40~60 ℃的环境下能正常工作。

3.5.3.5 电磁环境要求

GNSS天线低噪声放大器的增益减去线缆损耗的增益:50 dB;

GNSS天线带外抑制(100 MHz):≥30 dB。

3.5.4 数据应用

GNSS/MET可提供高精度和高时间分辨率的对流层天顶总延迟、大气可降水量和对流层天顶总延迟梯度产品(表3.14)。这些单站或组网的水汽产品可以应用于强降水、强对流和台风等灾害天气监测、预警和短临预报中。总体上水汽场变化与强降水的关联可归为三个方面:①PWV变化与降水强度显著相关;②水汽分布密集区容易激发锋面系统生成;③水汽变化可作为局地对流和雷电活动的前兆因子。这些关联都可以应用于强降水等灾害监测、预警。例如,2019年8月10日台风"利奇马"从浙江南部登陆,然后一直沿着东部沿海省份北上,造成了66人死亡和510多亿元直接经济损失。台风"利奇马"登陆带来了大量水汽,福建北部、浙江、江苏、安徽和山东南部等地的大气可降水量超过了70 mm,丰沛的水汽为大量云雨形成提供了必要条件,水汽的高值区与天气雷达基本反射率因子分布区域基本匹配(图3.39)。同时,水汽的高值区与暴雨落区基本吻合(图略)。可见,地基GNSS能很好监测台风导致的水汽时空演变,并对台风云雨形成和暴雨落区预警、预报有重要指示意义。

表 3.14 GNSS/MET 数据产品及应用

数据产品	产品内容	应用
ZTD	对流层天顶总延迟	反映对流层大气导致的GNSS信号延迟量,综合反映大气水汽、气温和气压引起的变化;可同化应用
PWV	大气可降水量	获取整层大气水汽含量变化信息;可同化应用
ZTD梯度	对流层天顶总延迟梯度	反映台站周边水汽含量的梯度变化

另外,GNSS/MET观测的水汽产品同化对提高数值天气预报水平有重要作用。目前PWV业务产品已成为中国气象局数值预报中心的CMA区域和全球模式业务同化数据之一。中国气象局数值预报中心以ERA-Interim资料作为参考场进行湿度场分析效果检验,2020年PWV资料同化明显改进了850 hPa湿度场分析精度,青藏高原东部和内蒙古西南部地区比湿分析均方根误差减小0.2~0.3 g/g,其他区域部分地区比湿分析均方根误差减小0.1 g/g以上(图3.40)。PWV资料同化对全国6 h和24 h的降水预报均有一定改进。全国6 h小雨预

报和暴雨预报的 ETS 评分分别提高约 15%和 50%。全国 24 h 小雨、中雨、大雨和暴雨预报的 ETS 评分均有提高,其中大雨预报效果相对改进最明显(图 3.41)。

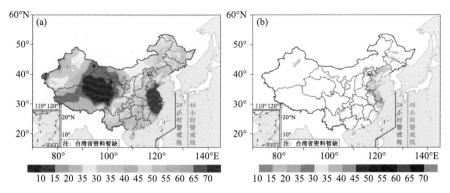

图 3.39　2019 年 8 月 10 日台风(利奇马),GNSS 监测的大气可降水量空间分布(a)、天气雷达监测反射率(b)

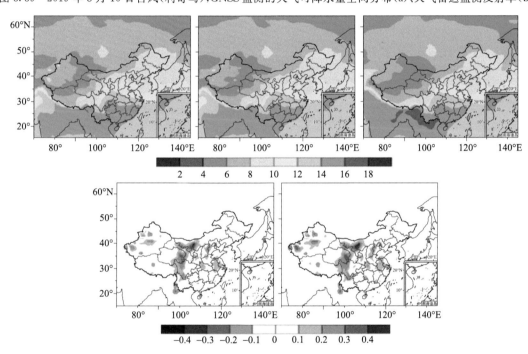

图 3.40　2020 年 GNSS/MET 的 PWV 资料同化对模式 850 hPa 湿度场的改进效果评估

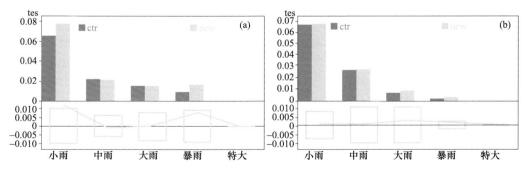

图 3.41　2020 年 GNSS/MET 的 PWV 同化效果 ETS 评分(降水检验)

(a)6 h 降水预报累加检验平均评分;(b)24 h 降水预报累加检验平均评分

GNSS/MET 探测的 PWV 通常作为基准,广泛应用于检验探空观测、再分析资料、卫星遥感等估计 PWV 的精度。相对于探空观测(通常每天探测 2 次),GNSS/MET 可多提供几十倍的 PWV 观测量,非常适合卫星遥感观测检验。中国地基 GNSS/MET 探测的 PWV 产品为卫星观测改进做出了重要贡献。

GNSS/MET 探测的 PWV 还可应用于长期气候变化监测。水汽是基本气候变量,GNSS/MET 探测技术是世界气象组织(WMO)全球气候观测系统(GCOS)计划重点推荐的水汽探测手段。地基 GNSS 遥感探测 PWV 始于 20 世纪 90 年代中期,目前已有 20 余年的观测积累,已初步用于气候变化研究。WMO 还将 GNSS/MET 列为 GCOS 系统高空基准观测网络(GRUAN)的首选观测,并发布了观测指南。随着今后地基遥感垂直观测系统 GNSS/MET 观测数据的积累,采用统一的数据处理策略对原始观测数据进行均一化重处理,即可获得均一化的 PWV 时间序列,进而应用于气候变化监测。例如,基于全国 19 个长时间观测 GNSS/MET 站的观测计算了 2000—2020 年全国年平均 PWV 距平、夏半年(5—10 月)平均 PWV 距平和冬半年(11 月—次年 4 月)平均 PWV 距平(图 3.42)。近 20 a 中国大气可降水量呈明显增加趋势,年平均、夏半年平均和冬半年平均 PWV 增加率分别为 0.63 kg/($m^2 \cdot$ 10 a)、0.79 kg/($m^2 \cdot$ 10 a)和 0.31 kg/($m^2 \cdot$ 10 a),其中年平均和夏半年平均 PWV 变化趋势通过了 $p=0.01$ 显著水平检验,冬半年平均 PWV 变化趋势通过 $p=0.05$ 显著水平检验。PWV 年平均变化率,相当于每 10 a 大气持有水分增加 60 亿 t,约 420 个西湖水量。同期全国年降水量也出现显著增多趋势,增加率为 28.7 mm/(10 a),并通过 $p=0.05$ 显著水平检验(图略)。

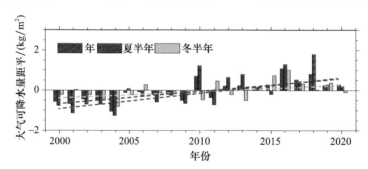

图 3.42　1999—2020 年全国年平均、夏半年平均和冬半年平均大气可降水量距平时间序列(基于全国 19 个 GNSS/MET 站制作)

3.5.5　GNSS/MET 的局限

单站 GNSS/MET 只能探测整层大气的可降水量,不能探测大气水汽廓线,需要一定密度的站点组网(站间距约 25 km),通过大气水汽层析技术,可探测大气水汽廓线。

3.6　融合系统

3.6.1　地基遥感廓线集成系统概述

地基遥感廓线集成系统主要通过对测云仪、微波辐射计、风廓线雷达、激光雷达等观测设备以及其配套设施输入的数据进行管理及应用,实现探空观测产品的融合与数据管理。

地基遥感廓线集成系统结合各个探测设备的优势,在满足各个设备现有产品的基础上,开发融合产品,融合现有能够观测到的温湿度、风向风速、云高等信息,通过地基遥感廓线集成系统将各种观测系统自身呈现到用户的面前;其次,通过对数据传输情况的管理,能够更好地掌握数据的输入/输出情况,通过融合处理综合质控,让数据更加准确,满足预报需求;最后基于B/S架构的软件还可以让有权限的用户通过同一网络环境下的用户,实现对产品的查看,对数据的监控,对设备的控制,给探测站点的管理工作带来极大的便利。

3.6.2　系统结构

地基遥感廓线集成系统终端主要由硬件系统和软件系统两部分组成。

硬件系统由数据交换模块、系统融合处理分机模块、视频监控分机模块、环境分机模块、短信模块等组成,整体构造采用模块化设计,各模块之间独立运行、互不干扰。融合设备支持多种气象观测设备及附属设备接口类型,满足数据传输要求,传输稳定。系统通过数据交换模块获取毫米波测云雷达、微波辐射计、风廓线雷达、激光雷达的数据,完成数据的传输、存储及融合处理;融合处理后数据通过数据交换模块传输至其他业务系统及数据中心。

地基遥感廓线集成系统融合设备硬件系统包含融合机柜、系统融合处理主机、数据融合处理模块、视频监控主机、环境监控模块、光交换机、显示单元、对外接口等组成,其系统结构框图见图3.43。

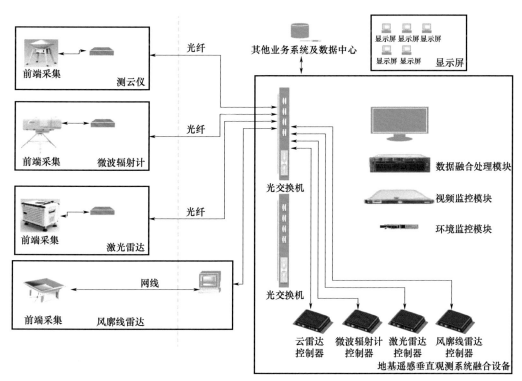

图 3.43　地基遥感廓线集成系统融合设备系统结构框图

地基遥感廓线集成系统融合设备主要实现对测云仪、微波辐射计、风廓线雷达、激光雷达等气象观测设备运行状态关键参数信息、设备数据流信息、设备数据文件信息等的采集、在线监测、统计分析,进而实现多种气象观测设备数据信息统一展示,大大提高了各类气象观测设备的数据可视化性。此外,针对台站环境温、湿度进行监测和统计分析,同时提供视频监控接口,实时查看地基遥感廓线集成系统设备运行状态及台站内的信息采集。

3.6.3　地基遥感垂直廓线集成软件系统

软件系统基于 B/S 架构开发,主要由 Web 前端和服务后端组成,系统采用 Linux 平台,数据库采用 MYSQL 系统;软件系统基于数据可视化的应用理念进行统一设计,包含首页、产品显示、数据监控、附属设备监控、告警管理、远程控制、系统管理、辅助功能等实现对数据的有效管理(图 3.44)。

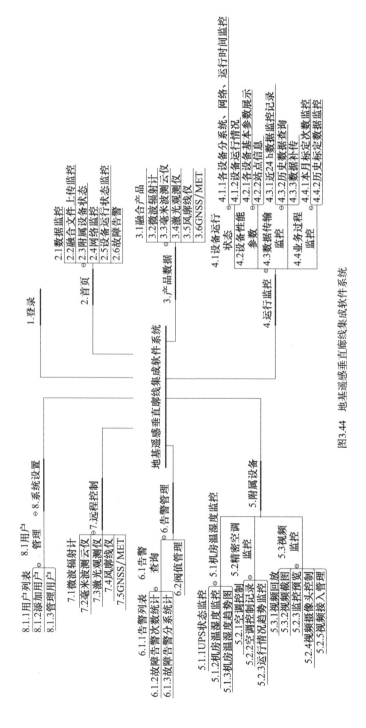

图3.44　地基遥感垂直廓线集成软件系统

第4章 地基遥感垂直观测系统数据处理

垂直观测数据处理主要是针对数据质量进行控制,对观测数据进行处理生成服务应用产品,包括数据质量控制、数据处理方法、数据产品和服务应用。通过数据处理提升数据质量和数据服务能力。

4.1 质量控制

地基遥感垂直观测数据质量控制涵盖数据生命周期的各个阶段,分为前期质量保证、实时质控、后期质控。

4.1.1 垂直观测前期质量保证

前期质量保证主要是提供基础质量信息和运行过程质量信息,为后面实时质量控制和定期质量控制提供依据。

前期质量保证从需求分析开始,有观测准备和业务运行管理两个阶段。观测准备阶段依据观测需求建立完善与观测数据质量有关的元数据,主要是观测设备的基本信息与观测站点环境信息,对观测设备产生的数据提供基础质量信息。业务运行管理阶段按照相关标准建立齐备的全流程监控,依据规范要求开展业务运行,提供观测运行中可能引起数据质量变化的运行过程质量信息(表4.1)。

表 4.1 垂直观测前期质量保证内容

前期质量保证分类	方法内容	标准规范或要求		业务部署程度		
		标准规范	是否满足业务	业务执行规范	是否满足业务	信息是否纳入国家管理
与数据质量有关的台站基础信息	站址选择技术	《中国气象局关于印发〈气象观测站新建迁移和撤销管理规定〉的通知》(气发〔2020〕50号)	是	《气象台站迁建审批事项服务指南》	是	是
	站址环境	《地基遥感垂直观测方法和质量控制技术规范(试行)》	是	《气象监测预警补短板工程建设技术指南(修订)》(重点项目办函〔2022〕12号)	是	是
与数据质量有关的设备基础信息	标准制定	《地基遥感垂直观测方法和质量控制技术规范(试行)》	否	《补短板工程设备数据格式及信息传输方案》(气测函〔2022〕87号)	是	

续表

前期质量保证分类	方法内容	标准规范或要求		业务部署程度		
		标准规范	是否满足业务	业务执行规范	是否满足业务	信息是否纳入国家管理
与数据质量有关的设备基础信息	设备选型	中国气象局令第 35 号《气象专用技术装备使用许可管理办法》	是	《气象专用技术装备使用许可证名录》中国气象局行政审批平台（网址 https://zwfw.cma.gov.cn/）	是	是
	设备选型	《无源 L 波段风廓线雷达》（QX/T 608—2021）、《有源 L 波段风廓线雷达(固定和移动)》（QX/T 525—2019）	是	《L 波段风廓线雷达功能规格需求书（气测函〔2019〕162 号）》	是	是
	设备选型	《地基微波辐射计功能需求书》（气测函〔2020〕10 号）	是	《地基微波辐射计测试大纲》（气测函〔2020〕148 号）	是	是
	设备选型	《全固态 Ka 波段毫米波测云仪基本型功能规格需求书（修订版）》（气测函〔2019〕141 号）	是	《全固态 Ka 波段毫米波测云仪(基本型)测试大纲》（气测函〔2020〕148 号）	是	是
	设备选型	《拉曼和米散射气溶胶激光雷达功能需求书（第一版）》（气测函〔2019〕119 号）	是	《拉曼和米散射气溶胶激光雷达测试大纲》（气测函〔2020〕148 号）	否	否
	测试安装	《气象观测专用技术装备测试规范通用要求》	是	《地基遥感垂直观测系统测试大纲》（气测函〔2022〕124 号）	是	是
	测试安装	《无源 L 波段风廓线雷达》（QX/T 608—2021）、《有源 L 波段风廓线雷达(固定和移动)》（QX/T 525—2019）、《L 波段风廓线雷达测试验收规范》待发布	是	《L 波段风廓线雷达功能规格需求书（气测函〔2019〕162 号）、《L 波段风廓线雷达测试大纲》（气探函〔2020〕45 号）	是	是
	标准制定	《风廓线雷达单站数据 NetCDF 格式》待发布	是	《风廓线雷达通用数据格式（V1.2）》	是	是
其他基础质量	质量控制方法中试与认证	《中国气象局气象探测科技成果中试基地业务运行管理办法(试行)》	是	《气象探测数据业务中试实施细则(试行)》	否	否
	维护维修	《风廓线雷达观测规范》（QX/T 620—2021）	是	《风廓线雷达观测规定(试行)》（气测函〔2011〕223 号）	是	是
为保障高质量运行有关的维护维修活动	维护维修	《地基遥感垂直观测方法和质量控制技术规范(试行)》	是	无	否	是
	计量检定	《风廓线雷达观测规范》（QX/T 620—2021）	是	《风廓线雷达观测规定(试行)》（气测函〔2011〕223 号）	是	是

4.1.2　垂直观测实时质量控制

实时质量保证是对观测数据从产生、收集到快速服务前为提高数据质量而设计的流程、规则等,实时质量保证分级是对规划的质量控制流程和算法能实现用户质量控制需求的程度评价,也为后续开展质量保证流程和方法完善以及质控方法升级提供依据。实时质量控制则是对观测数据从产生、收集到快速服务前为提高数据质量而实施的具体算法(图 4.1)。

地基遥感垂直气象观测系统实时观测数据质量控制包括观测端质量控制、中心级质量控制。

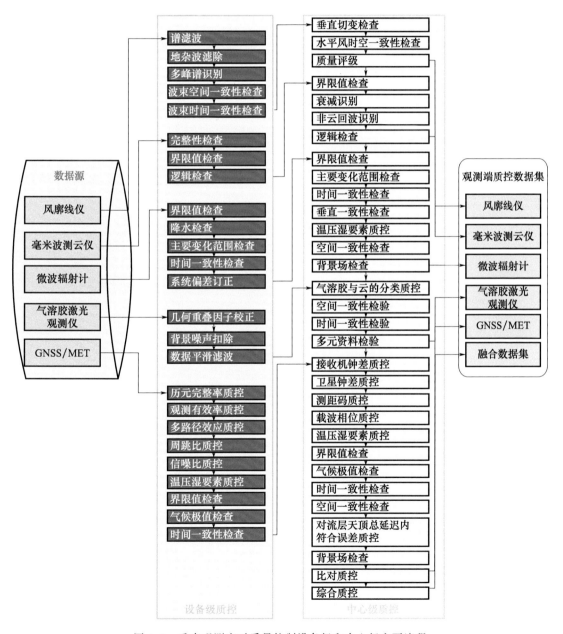

图 4.1　垂直观测实时质量控制设备级和中心级主要流程

4.1.2.1 观测端质量控制

观测端质量控制在观测台站完成,包括设备端质量控制和业务终端软件质量控制。设备端通过控制器组件自动实现状态信息、采样数据、观测数据等的质量控制,并添加相应质控码,数据传输至地基遥感垂直廓线集成系统后,业务终端软件对多源数据进行相互校验,形成综合质量控制。通过设备端的质量控制,确保观测数据在设备正常状态下获取正确的气象信息。

(1)数据质量控制标识

数据质量控制过程中,需要对采样值和瞬时值是否经过数据质量控制以及质量控制的结果进行标识,这种标识用于定性描述数据置信度。质量控制标识用质量控制码表示,见表4.2。

表4.2 质量控制码及其含义

质量控制码	含义
0	正确
1	可疑
2	错误
3	预留
4	修改数据
5	预留
6	预留
7	无观测任务
8	缺测
9	未作质量控制

(2)质量控制流程和方法

观测端质量控制流程和内容见表4.3。

表4.3 观测端质量控制内容

序号	算法名称	质控对象	方法描述/数学表达式
1	谱滤波	功率谱数据	滑动平均法
2	地杂波滤除	功率谱数据	连线法/参考地面风滤除法
3	多峰谱识别	功率谱数据	多谱参数权重分析法
4	波束空间一致性检查	径向数据	径向速度对称性检查
5	波束时间一致性检查	径向数据	有限样本最小协方差加权估计方法
6	反射率因子界限值检查	反射率因子	$-50 \leqslant$ 反射率因子 $\leqslant 40$ dBz
7	径向速度界限值检查	径向速度	$-15 \leqslant$ 径向速度 $\leqslant 15$ m/s
8	速度谱宽界限值检查	速度谱宽	$0 \leqslant$ 速度谱宽 $\leqslant 15$ m/s
9	逻辑检查	云高产品	下一层云顶高度<上一层云底高度; 同层云底高度<同层云顶高度
10	界限值检查	分钟亮温	$5 \leqslant$ 亮温 $\leqslant 330$ K

序号	算法名称	质控对象	方法描述/数学表达式
11	降水检查	分钟亮温	降雨标记为1,或亮温超过临界值
12	主要变化范围检查	分钟亮温	亮温变化范围≤测站历史平均值±3倍标准差
13	时间一致性检查	分钟亮温	相邻时次亮温变化幅度≤历史平均值±3倍标准差
14	系统偏差订正	分钟亮温	将历史探空数据正演得到的模拟亮温与实测亮温建立统计关系模型,用于反演前实测亮温的订正
15	几何重叠因子校正	原始回波信号	原始回波信号除以几何重叠因子
16	背景噪声扣除	原始回波信号	原始回波信号减去天空背景噪声
17	数据平滑滤波	原始回波信号	对原始回波信号廓线做平滑滤波
18	气溶胶与云的分类质控	距离修正信号(RCS)	根据 RCS 曲线斜率的变化情况区分云和气溶胶,综合最大斜率、最小斜率以及宽高比等参数对各层进行评分,评分大于一定阈值判定为云,小于阈值为气溶胶或不确定
19	数据质量校验	原始回波信号	综合考虑原始回波信噪比、大气瑞利信号拟合一致性、RSC 曲线评分等结果,对原始回波信号进行数据质量校验,并对数据进行质量标识
20	历元完整率质控	伪距观测量、载波相位观测量	历元完整率≥90%
21	观测有效率质控	伪距观测量、载波相位观测量	观测有效率≥80%
22	多路径效应质控	伪距观测量、载波相位观测量	多路径效应 MP1≤0.5 m; 多路径效应 MP2≤0.5 m
23	周跳比质控	伪距观测量、载波相位观测量	1 h 的 30 s 采样数据的周跳比≥100
24	信噪比质控	原始信号强度	L1 信噪比≥20; L2 信噪比≥20
25	温压湿质控	单站分钟级气压(p)、气温(T)和相对湿度(RH)	$300 \leqslant p \leqslant 1100$ hPa; $-90 \leqslant T \leqslant 70$ ℃; $0 < RH \leqslant 100\%$
26	界限值检查	单站对流层天顶总延迟(ZTD)、单站大气可降水量(PWV)	$1000 \leqslant ZTD \leqslant 3000$ mm; $0 < PWV \leqslant 100$ mm
27	气候极值检查	单站对流层天顶总延迟(ZTD)、单站大气可降水量(PWV)	$ZTDemin \leqslant ZTD \leqslant ZTDemax$; $PWVemin \leqslant ZTD \leqslant PWVemax$; $ZTDemin$:10 a 极小值; $ZTDemax$:10 a 极大值; $PWVemin$:10 a 极小值; $PWVemax$:10 a 极大值
28	时间一致性检查	单站对流层天顶总延迟(ZTD)、单站大气可降水量(PWV)	1 h 内 ZTD 最大变化量绝对值≤37 mm; 1 h 内 PWV 最大变化量绝对值≤8 mm

①风廓线仪

在设备端主要对基数据和观测产品数据进行质控,包括谱滤波、地物抑制、多峰谱识别、波束空间一致性检查、波束时间一致性检查。具体如下:

（a）谱滤波

对各高度层的功率谱数据进行谱滤波,即平滑滤波,具体方法为:

将前$(N-1)/2$个点、后$(N-1)/2$个点和当前点以适当权重相加,公式如下:

$$\gamma_n = W_{-(N-1)/2} X_{n-(N-1)/2} + \cdots + W_{-1} X_{n-1} + W_0 X_n + W_1 X_{n+1} + \cdots + W_{(N+1)/2} X_{n+(N+1)/2}$$

$$(4.1)$$

式中:γ_n 为第 n 个点的平滑后输出数据;X_n 为第 n 个点的未平滑输入数据;W_N 为加权系数;N 为平滑点数（N 为奇数）。

（b）地物抑制

搜寻近地层关于直流对称的谱峰,将其视为地物回波,选定固定宽度的 7 个或者 9 个奇数杂波点数对其进行抑制,根据设备不同,宽度参数可配置,移除掉奇数个杂波点后,在凹口的两个边缘间进行平均处理。

（c）多峰谱识别

由于降水的影响,使得某些高度层上的谱序列呈现出双谱峰,双峰谱识别方法如下。假设功率谱中的杂波干扰均呈高斯型,噪声为白噪声,得到功率谱密度函数 $S_m(v)$:

$$S_m(v_i) = \mathrm{Noise} + \frac{S_a}{\sqrt{2\pi}\sigma_a} \exp\left(-\frac{(v_i - \overline{v}_a)^2}{2\sigma_a^2}\right) + \sum_{m=1}^{M} \frac{S_m}{\sqrt{2\pi}\sigma_m} \exp\left(-\frac{(v_i - \overline{v}_m)^2}{2\sigma_m^2}\right) \quad (4.2)$$

式中:Noise 为平均噪声电平,S_a、$\overline{v}_a$、σ_a 分别为大气回波信号的功率、平均速度以及半谱宽,S_m、$\overline{v}_m$、σ_m 分别为 m 个杂波干扰的功率、平均速度以及半谱宽。结合上式,设观测值为 $S(v_i)$,观测值与模型的偏差为:

$$\varepsilon^2 = \sum_{i=1}^{N} (S(v_i) - S_m(v_i))^2 \quad (4.3)$$

求解式中 S_a、$\overline{v}_a$、σ_a、S_m、$\overline{v}_m$、σ_m 等多个变量,使得偏差最小,即可以获得大气回波的相关参数信息。该方法与单高斯拟合一致,不同点是模型中有多个高斯函数,不能使用求自然对数简化计算,需要进行非线性拟合。

（d）波束空间一致性检查

风廓线仪探测原理假设五波束探测范围内大气均匀,五波束空间一致是其计算风垂直廓线的基础。具体公式如下:

$$U_E = \frac{-V_{RE} + V_{RZ}\cos\theta}{\sin\theta} \quad (4.4)$$

$$U_W = \frac{V_{RW} - V_{RZ}\cos\theta}{\sin\theta} \quad (4.5)$$

$$V_S = \frac{V_{RS} - V_{RZ}\cos\theta}{\sin\theta} \quad (4.6)$$

$$V_N = \frac{-V_{RN} - V_{RZ}\cos\theta}{\sin\theta} \quad (4.7)$$

$$\Delta u = U_E + U_W > \mathrm{threshold} \quad (4.8)$$

$$\Delta v = V_S + V_N > \mathrm{threshold} \quad (4.9)$$

式中：U_E、U_W、V_S、V_N 分别为东、西、南、北水平速度分量，V_{RE}、V_{RW}、V_{RS}、V_{RN}、V_{RZ} 为东、西、南、北、中五波束径向速度，θ 为斜波束倾斜角。利用东、西、南、北水平速度分量判断五波束一致性，如果大气完全均匀，那么东波束（南波束）与西波束（北波束）大小相等方向相反，对称分量相加即为 0。但真实大气并不是完全均匀的，当真实大气扰动小时，对称分量相加其值也较小，基本满足大气均匀假设，但大气扰动较大时，对称分量的值相差较大。

五波束空间一致性检查主要对降水期间的不均匀分布数据进行，有两种情况会造成垂直速度空间差异较大，一种是两个对称波束一个在降水云内，而另一个在降水云外；另一种是对流云中降水粒子的空间分布不均匀，垂直速度差异很大。在 ±10 m/s 出现的翘尾现象主要是降水造成的探测空间内风的不均匀引起的，因此，threshold 的大小设置为 10 m/s。

（e）波束时间一致性检查

在计算风廓线仪小时水平风产品、半小时水平风以及实时产品时，采用有限样本最小协方差加权估计方法（FSMRCD），分别剔除东、西、南、北中不同径向固定高度时间序列上径向速度的离群值，对剔除离群值后的固定高度时间序列径向速度分量进行平均，进而合成平均的 1 h 水平风产品与 0.5 h 水平风产品。具体离群值剔除方法如下：

计算 MCD：

$$\text{协方差} \quad \sum\nolimits_{(\text{MCD})} = \frac{k_{\text{MCD}}(h,n,v)}{h-1} \sum_{i=1}^{h} (y_i - \mu_{(\text{MCD})})(y_i - \mu_{(\text{MCD})})' \tag{4.10}$$

式中：

$$k_{\text{MCD}}(h,n,v) = \frac{h/n}{P(\chi^2_{v+2} < \chi^2_{v,h/n})} s_{\text{MCD}}(h,n,v) \tag{4.11}$$

确定权重：

$$w = \left\{ \begin{array}{ll} 0 & d^2_{i(\text{MCD})} > D_{v,1-\delta} \\ 1 & \text{其他} \end{array} \right\} \delta = 0.025 \tag{4.12}$$

计算 RMCD：

$$\text{加权平均值} \quad \mu_{(\text{MCD})} = \frac{1}{h} \sum_{i=1}^{h} w_i y_i \tag{4.13}$$

$$\text{加权协方差} \quad \sum\nolimits_{(\text{RMCD})} = \frac{k_{\text{RMCD}}(h,n,v)}{h-1} \sum_{i=1}^{h} w_i (y_i - \mu_{(\text{MCD})})(y_i - \mu_{(\text{MCD})})' \tag{4.14}$$

确定剔除点：

$$\text{计算偏差} \quad d^2_{i(\text{RMCD})} = (y_i - \mu_{(\text{RMCD})})' \sum\nolimits_{(\text{RMCD})}^{-1} (y_i - \mu_{(\text{RMCD})}) \tag{4.15}$$

②毫米波测云仪

在设备端主要对基数据和观测产品数据进行质控，包括孤立噪点回波消除、径向干扰回波消除、非气象回波消除、界限值检查、逻辑检查。

（a）孤立噪点回波消除

采用空间尺度面积分割法，利用孤立噪点回波的空间面积小且呈孤立点状的特点，借助图像处理技术，通过中值滤波或小面积去除等方法进行消除。

（b）径向干扰回波消除

利用径向干扰回波时间周期短和回波稳定、强度变化小的特点，分析同一距离库相邻时段回波强度差和同一时段前后相邻距离库回波强度差，设置阈值进行径向干扰回波消除。

（c）非气象回波消除

当非气象回波在功率谱数据质量控制环节未能去除时，可在基数据质量控制环节进一步消除，根据实际情况可分为以下几种方法：

阈值法：统计测云仪安装地区非气象回波与天气特征的关系，包括非气象回波顶高与地面温度、湿度的关系，非气象回波反射率因子和径向速度垂直分布特征，通过组合逻辑阈值方法进行消除。

模糊逻辑法：主要依靠大量数据统计分析提取非气象回波和气象回波差异的物理量，通过前期大量的离线回波数据进行对比验证，确定最终表征非气象回波和气象回波的特征物理量，得到模糊逻辑模型，实现非气象回波识别和消除。

机器学习法：基于人工智能技术，对观测的非气象回波和气象回波进行标准样本分类，对标准样本进行网络训练，利用训练后的网络模型，实现非气象回波识别和消除。

（d）界限值检查

值域检查。超过值域范围的数据为错误数据。

反射率因子范围：$-50\sim40$ dBz；

径向速度范围：$-15\sim15$ m/s；

速度谱宽范围：$0\sim15$ m/s。

（e）逻辑检查

云底高度＜云顶高度；

下一层云顶高度＜上一层云底高度；

下一层云量≥上一层云量；

最底层云量≤100%。

③地基微波辐射计

在设备端主要对基数据观测亮温进行质控，包括界限值检查、降水检查、主要变化范围检查、时间一致性检查、系统偏差订正。

（a）界限值检查

值域检查。超过值域范围的数据为错误数据。要素值域范围如下：亮温为$5\sim330$ K；相对湿度为$0\sim100\%$；温度在200 hPa以下高度范围内为$-100\sim60$ ℃；水汽密度（绝对湿度）为$0\sim600$ g/m³。

气候学界限值检查。超过气候学界限值的数据为错误数据。

（b）降水检查

由于降水期间天线罩覆盖水膜后亮温明显偏高，或随着天线罩老化，降雨停止后亮温仍然偏高，这些数据会造成反演结果的准确度降低甚至无效。因此，对地基微波辐射计数据进行降水检查：设备自带降水标记判别法：根据设备自带雨感器降水标识进行检查，若标识为1，则该时刻数据为可疑资料。水汽通道亮温阈值法：针对受天线罩上附着水膜影响的亮温值进行标记。统计测站设备水汽通道的历史亮温资料，取一临界值，使得大于该临界值的非降水样本个数小于该临界值的降水样本个数的总和最小。若水汽通道亮温大于该临界值，则该时刻数据为可疑资料。

（c）主要变化范围检查

进行测站主要变化范围检查的要素有各通道亮温、各高度层温度等。要素主要变化范围的选取按观测月或季采用下述方法之一确定:用测站或区域的历史平均值加上 3 倍标准差求取变化范围最大值,减去 3 倍标准差求取变化范围最小值;取一定概率条件下测站或区域历史资料变化范围的临界值。

(d)时间一致性检查

地基微波辐射计时间分辨率为 2 min。在相邻时次,同一测站的亮温观测值和规定高度层的温度、水汽密度(绝对湿度)的变化幅度应在一定范围内,超过要素主要变化范围的资料为可疑资料。

(e)系统偏差订正

为消除地基微波辐射计实测亮温的系统偏差,采用统计方法,将晴空条件下基于历史探空数据代入辐射传输模型计算的模拟亮温与实测观测亮温建立一元线性统计关系模型:

$$TBB = a \times TBM + b$$

式中:TBB 为基于历史探空数据作为辐射传输模型的输入计算得到的各通道模拟亮温,TBM 为与探空数据观测时间一致的地基微波辐射计各通道实测亮温。一元线性关系 a、b 参数用于反演前实测亮温的订正:

$$TBO = a \times TBM + b$$

TBO 为订正后的亮温数据,将用于反演温度、湿度廓线。

④气溶胶激光观测仪(三波长)

(a)几何重叠因子校正

在非共轴收发激光雷达系统中,激光束是随探测距离逐步进入望远镜接收视场的,直至完全进入视场,这段距离成为过渡区。在过渡区内,大气回波信号不能完全被望远镜接收,造成接收的回波信号与实际大气不符,望远镜接收到的光子数与实际光子数之比称为几何重叠因子。几何重叠因子是一个随距离越来越接近 1 的参数,一般由厂家提供。为还原实际大气信号,需对过渡区做几何重叠因子校正,即:

$$P'(r) = \frac{P(r)}{O(r)} \tag{4.16}$$

式中:$O(r)$ 为几何重叠因子,$P(r)$ 为原始回波信号,$P'(r)$ 为几何重叠因子校正后的信号,r 为探测高度。

(b)背景噪声扣除

背景噪声是大气中的杂散光导致的,气溶胶激光雷达测得的数据中不仅包含气溶胶、云等信号,还包含天空背景噪声信号。根据大气的垂直分布特性,一般高空大气比较洁净,几乎不含气溶胶、云,因此一般利用高空大气回波信号进行背景噪声扣除。选取高空洁净大气 1~2 km 信号的平均值作为背景噪声,从原始回波中减去即为真实大气回波信号。例如气溶胶激光雷达的量程为 60 km,则可选取 50~60 km 之间任意 2 km 内信号的平均值作为背景信号进行扣除。

计算方法如下式所示:

$$P'(r) = P(r) - P_{bg}(r) \tag{4.17}$$

式中:$P(r)$ 为原始回波信号,$P'(r)$ 为背景噪声扣除后的信号,$P_{bg}(r)$ 为背景噪声信号,计算公式为:

$$P_{bg}(r) = \frac{1}{k} \sum_{i=1}^{k} P(r_i) \tag{4.18}$$

式中:$r_1 \sim r_k$ 为背景噪声高度段。

（c）数据平滑滤波

由于大气状态是随时变化的,且受探测设备随机误差的影响,气溶胶激光雷达采集卡输出的原始信号存在抖动现象,针对这种情况,可对回波信号做平滑处理,减小信号抖动,提高信噪比。计算平均值的点数根据实际信号质量情况而定,如 3 点平滑、5 点平滑等。数据平滑处理同时也改变了回波信号的距离分辨率,如有一组气溶胶激光雷达回波信号的距离分辨率为 Δr,做 N 点平滑后,其距离分辨率为 $N \times \Delta r$。经平滑后的信号为:

$$P'(r_i) = \frac{1}{N} \sum_{i}^{i+N-1} P(r_i) \qquad i = 1,2,3,\cdots,m-N+1 \tag{4.19}$$

式中:$P(r)$ 为平滑前的信号,$P'(r)$ 为经 N 点平滑后的信号,m 为平滑前信号总距离点数。

（d）气溶胶与云的分类质控

云与气溶胶的光学特性不同,数据处理时选择不同的气溶胶激光雷达比对反演结果影响较大,因此需将云和气溶胶数据区分开。由于云的后向散射系数远大于气溶胶,所以当激光在大气中传输遇到云时,距离修正信号(RCS)将迅速增大,计算 RCS 曲线的斜率,根据斜率的正负变化情况,可判断是云层或是气溶胶层。具体包括以下步骤:

滤波:由于低空信噪比较高,高空噪声比较大,因此,对不同的高度采用不同的滤波窗口,低空选用的窗口小,高空选用的窗口大;

计算 RCS 信号的斜率:从低空到高空不同高度段选用不同的点数求取信号曲线的斜率,如,0~1 km 采用相邻 5 个点求斜率,1~5 km 采用相邻 7 个点求斜率。

根据斜率判断曲线的折点:如果曲线的斜率出现连续为负,由负变为正,连续正的情况,则判断该点为曲线的折点,也是层与层的分界点。据此可以得到曲线的分层情况。

给各层评分,以判断有云的文件:将曲线分完层后,可以得到各层的区间范围,然后结合各层的最大斜率、最小斜率以及高宽比等参数进行评分,评分超过一定阈值,即可判定为云层,否则为气溶胶层。

（e）数据质量校验

数据质量校验是对原始观测数据质量的标识,综合考虑原始回波信号的信噪比、大气瑞利信号拟合一致性、RCS 曲线评分等结果,对原始回波信号进行数据质量校验,并对数据进行质量标识。

⑤ GNSS/MET

GNSS/MET 质量控制包括包括历元完整率质控、观测有效率质控、多路径效应质控、周跳比质控、温压湿要素质控、界限值检查和时间一致性检查等。

历元完整率质控:历元表示观测数据中数据记录对应的观测时刻点,即一次数据记录事件的参考时刻。历元完整率指一个观测时段内,具有实际观测的历元数量与应有观测的历元数量的比率,观测包括伪距观测量、载波相位观测量和原始信号强度等。1 h 内历元完整率应不低于 90%。

观测有效率质控:观测有效率指一个观测时段内,卫星截至高度角 10° 有以上实际观测数据量占应有观测数据量的百分比。1 h 内观测有效率应不低于 80%。

多路径效应质控:多路径效应是指由非直达导航卫星信号引入的测距误差。1 h 内各GNSS 系统各频点观测的多路径效应应不大于 0.5 m。

　　周跳比质控:周跳是指在卫星导航终端进行载波相位测量时,由于信号失锁、终端故障等原因导致的载波周期计数错误现象。周跳比是指一个观测时段内,接收机观测数据的实际历元数据量与发生周跳历元数据量的比值,反映了周跳发生的平均观测历元数。1 h内各GNSS系统观测的周跳比应不低于100。

　　信噪比质控:信噪比是指载波信号功率与噪声功率谱密度之比,单位为dBHz。各GNSS系统各频点观测的信噪比应不小于20 dBHz。

　　温、压、湿质控:针对分钟级气压(p)、气温(T)和相对湿度(RH)观测,$300 \leqslant p \leqslant 1100$ hPa,$-90 \leqslant T \leqslant 70$ ℃,$0 < RH \leqslant 100\%$。

　　界限值检查:针对分钟级单站对流层天顶总延迟(ZTD)、单站大气可降水量(PWV):$1000 \leqslant ZTD \leqslant 3000$ mm,$0 < PWV \leqslant 100$ mm。

　　时间一致性检查:针对分钟级单站对流层天顶总延迟(ZTD)、单站大气可降水量(PWV),1 h内ZTD最大变化量绝对值≤最大变化量,1 h内PWV最大变化量绝对值≤最大变化量。

4.1.2.2　中心级质量控制

（1）总体要求

中心级质控是在观测端质控基础上,采用智能化质控技术和多源数据质控相互校验技术等,通过综合气象观测质量控制业务系统实现观测数据质量控制,保证组网数据的准确、均一。

（2）质量控制方法

中心级质量控制流程和内容见表4.4。

表 4.4　中心级质量控制内容

序号	算法名称	质控对象	方法描述/数学表达式
1	垂直切变检查	单站水平风数据	统计阈值法
2	水平风时空一致性检查	单站水平风数据	二次曲面拟合检查
3	质量评级	单站水平风数据	质量标识法
4	界限值检查	反射率因子 径向速度 速度谱宽	$-50 \leqslant$ 反射率因子 $\leqslant 40$ dBz $-15 \leqslant$ 径向速度 $\leqslant 15$ m/s $0 \leqslant$ 速度谱宽 $\leqslant 15$ m/s
5	衰减识别	反射率因子 径向速度 速度谱宽	根据同址安装的自动气象站观测资料等综合判断衰减情况
6	非云回波识别	反射率因子 径向速度 速度谱宽	利用同址安装的自动气象站观测数据开展非云回波识别
7	逻辑检查	云高产品	下一层云顶高度<上一层云底高度; 同层云底高度<同层云顶高度
8	界限值检查	分钟温、湿度廓线	$0 \leqslant$ 相对湿度 $\leqslant 100\%$ $-100 \leqslant$ 温度 $\leqslant 50$ ℃ $0 \leqslant$ 水汽密度 $\leqslant 83$ g/m³

序号	算法名称	质控对象	方法描述/数学表达式
9	主要变化范围检查	分钟温度廓线	温度廓线变化≤测站历史平均值±3倍标准差
10	时间一致性检查	分钟温、湿度廓线	相邻时次温、湿度廓线变化幅度≤历史平均值±3倍标准差
11	垂直一致性检查	分钟温度廓线	上、下两层温度垂直变化率dT_h不超过一定范围。注:dT_h的值根据站点布设位置的历史温、湿度层结资料统计获得
12	几何重叠因子校正	原始回波信号	原始回波信号除以几何重叠因子
13	背景噪声扣除	原始回波信号	原始回波信号减去天空背景噪声
14	数据平滑滤波	原始回波信号	对原始回波信号廓线做平滑滤波
15	气溶胶与云的分类质控	距离修正信号(RCS)	根据RCS曲线斜率的变化情况区分云和气溶胶,综合最大斜率、最小斜率以及宽高比等参数对各层进行评分,评分大于一定阈值判定为云,小于阈值为气溶胶或不确定
16	历元完整率质控	伪距观测量、载波相位观测量	历元完整率≥90%
17	观测有效率质控	伪距观测量、载波相位观测量	观测有效率≥80%
18	多路径效应质控	伪距观测量、载波相位观测量	多路径效应 MP1≤0.5 m 多路径效应 MP2≤0.5 m
19	周跳比质控	伪距观测量、载波相位观测量	1 h 的 30 s 样数据的周跳比≥100
20	信噪比质控	原始信号强度	L1信噪比≥20 L2信噪比≥20
21	接收机钟差质控	接收机钟差	接收机钟稳定度(Allan方差)≤1.0 ns
22	卫星钟差质控	卫星钟差	90%的卫星钟稳定度(Allan方差)≤0.1 ns
23	测距码质控	测距码	与理论模型计算结果相比,测距码观测均方根误差≤4000 mm
24	载波相位质控	载波相位	载波相位解算利用率≥50%
25	温压湿质控	中心站分钟级气压(p)、气温(T)和相对湿度(RH)	$300≤p≤1100$ hPa $-90≤T≤70$ ℃ $0<RH≤100$%
26	界限值检查	中心站对流层天顶总延迟(ZTD)、大气可降水量(PWV)	$1000≤ZTD≤3000$ mm $0<PWV≤100$ mm
27	气候极值检查	中心站对流层天顶总延迟(ZTD)、大气可降水量(PWV)	$ZTDemin≤ZTD≤ZTDemax$ $PWVemin≤PWV≤PWVemax$ ZTDemin:10 a 极小值 ZTDemax:10 a 极大值 PWVemin:10 a 极小值 PWVemax:10 a 极大值

序号	算法名称	质控对象	方法描述/数学表达式
28	时间一致性检查	中心站对流层天顶总延迟(ZTD)、大气可降水量(PWV)	1 h 内 ZTD 最大变化量绝对值≤37 mm 1 h 内 PWV 最大变化量绝对值≤8 mm
29	空间一致性检查	中心站对流层天顶总延迟(ZTD)、大气可降水量(PWV)	与邻近站 ZTD 偏差绝对值≤134 mm 与邻近站 PWV 偏差绝对值≤18 mm
30	对流层天顶总延迟内符合误差质控	中心站对流层天顶总延迟(ZTD)	ZTD 内符合误差≤18 mm
31	背景场检查	中心站对流层天顶总延迟(ZTD)、大气可降水量(PWV)	ZTD 与背景场的偏差绝对值≤53 mm PWV 与背景场的偏差绝对值≤8 mm
32	比对质控	单站对流层天顶总延迟(ZTD)、单站大气可降水量(PWV)	与中心站 ZTD 和 PWV 比较,单站 ZTD 误差:±18 mm 单站 PWV 误差:±3 mm

4.1.3 垂直观测后期质量保证

后期质量保证是观测数据质量检验和完善的环节,是对观测数据质量的事后监督控制管理。是在前期质量保证和实时质量控制基础上开展的定期质量控制,包括数据评估、制作标准数据集和数据服务应用反馈等。数据评估包括短周期评估和长序列评估,形成包括勘误、偏差订正、不确定度计算等,以及前期质量保证和实时质量控制未能发现的质量问题。标准数据集制作通过观测数据集研制,不断检验和改进质量控制方法,形成更高质量的数据。数据服务应用反馈是以应用端的同化效果、应用效果等用户满意度为依据,建立对观测系统数据质量的反馈机制,进一步查找观测系统数据质量的薄弱环节,改进数据质量控制流程和方法,形成观测质量闭环管理。同步开展后期质量控制评级,对应用的质量控制方法给予质量控制效果评价,及时把观测数据评估结果反馈至实时质量控制和前期质量保证,实现全闭合、全业务链条观测质量控制的业务化运行(表 4.5)。

表 4.5 垂直观测后期质量保证内容

质量保证内容	质量保证项目	内容或方法描述
数据集制作	风廓线质量控制后数据	经过前期、实时和后期质量控制
数据评估反馈	风廓线与探空观测比对评估	风廓线雷达风廓线产品风廓线与探空风廓线的偏差≤3.5 m/s
数据评估反馈	风廓线与背景场资料比对评估	风廓线雷达风廓线产品风廓线与背景场风廓线的偏差≤5 m/s
数据集制作	毫米波测云仪质量控制后数据	实时处理生成毫米波测云仪产品数据
数据评估反馈	云底高度与探空识别云底高度评估	毫米波测云仪云底高度产品平均偏差:±10%
数据评估反馈	云顶高度与探空识别云顶高度评估	毫米波测云仪云顶高度产品平均偏差:±10%
数据集制作	微波辐射计质量控制后数据	实时处理生成微波辐射计温湿廓线产品数据

质量保证内容	质量保证项目	内容或方法描述
数据评估反馈	温度廓线与探空观测比对评估	微波辐射计温度廓线产品非降雨条件下,温度廓线与探空的偏差绝对值≤2 ℃
数据评估反馈	湿度廓线与探空观测比对评估	微波辐射计湿度廓线产品非降雨条件下,湿度廓线与探空的偏差绝对值≤15％
数据评估反馈	积分水汽含量与探空观测比对评估	微波辐射计积分水汽含量产品非降雨条件下,与探空的偏差绝对值≤4 mm
数据集制作	激光雷达质量控制后数据	实时处理生成气溶胶激光雷达产品数据
数据评估反馈	光学参数与太阳光度计观测对比检验	激光雷达光学厚度等产品与邻近的太阳光度计观测的光学厚度等产品比对检验
数据评估反馈	光学参数与卫星观测对比检验	激光雷达后向散射系数、光学厚度等产品与卫星观测的后向散射系数、光学厚度等产品比对检验
数据评估反馈	$PM_{2.5}$、PM_{10}与大气成分观测对比检验	激光雷达$PM_{2.5}$和PM_{10}等产品与邻近大气成分观测的$PM_{2.5}$和PM_{10}质量浓度比对检验

4.2 数据处理方法

地基遥感垂直观测系统各设备基本产品的数据处理方法如下,详见附录《数据处理方法》。

4.2.1 风速、风向、垂直风产品反演方法

由风廓线仪的径向 RAD 数据生成风垂直廓线产品(实时/30 min/1 h 产品),算法包括 RAD 数据时间积累、单时次计算风 U、V、W 分量、计算水平风等。

4.2.2 云产品反演方法

毫米波测云仪利用观测基数据,对含有云层的廓线进行云体识别提取,并对多层云体进行合理的合并处理,提取每层云体的上边界作为云顶高度,云体的下边界作为云底高度。

利用毫米波测云仪连续观测的不同时刻的回波强度廓线(回波强度的高度-时间数据),采用类似的单体分块跟踪方法(SCIT),对时间-高度坐标系表示的云体回波强度数据进行分块处理后,再做云高、云厚的计算。

4.2.3 温、湿廓线产品处理方法

利用微波辐射计各频点观测亮温数据,结合地面温、湿、压观测资料和云信息,反演得到大气温度、相对湿度、水汽密度、液态水廓线产品,以及积分水汽总量、液水含量产品。

考虑到反演的时效性和准确度,通常采用神经网络法。为了构建适用于站点当地的神经网络反演模型,需要大量的地基微波辐射计观测数据。但对于新建的地基微波辐射计因实测数据有限,通常的做法是以当地长序列温、湿度层结数据(如探空资料、EC 再分析资料)输入辐射传输模式计算出模拟亮温,作为实测亮温的替代,用于温、湿度廓线反演模型的建立。

4.2.4　气溶胶廓线产品处理方法

气溶胶激光观测仪(三波长)的数据接收通道包括:355 nm 米散射水平、355 nm 米散射垂直、532 nm 米散射水平、532 nm 米散射垂直、1064 nm 米散射、386 nm 氮分子拉曼散射、407 nm 水汽分子拉曼散射、607 nm 氮分子拉曼散射共 8 个通道。利用不同通道数据结合可以获得多种气溶胶廓线产品。

激光雷达数据通过数据质量控制判断数据质量是否达标,达标数据进行数据质量分级,不达标数据标识并剔除,数据质量分级后便可采用自动反演算法进行反演。主要包括数据预处理、云产品反演、气溶胶光学参数反演、气溶胶微物理参数反演。

4.2.5　GNSS/MET 水汽产品处理方法

根据站点观测伪距、载波相位观测量以及卫星轨道和钟差等数据计算电离层延迟和天顶对流层总延迟。

第 5 章　地基遥感观测产品和应用

5.1　概述

地基遥感垂直观测系统具有观测频次高、高度探测精度高、全天候观测等优势,但不同探测方式的遥感设备针对各类目标物的探测能力有较大区别,靠单一设备难以承担综合信息的获取,因此,通过多种设备协同探测、信息互补、综合分析、融合处理,可形成有效用于业务的大气完整信息。

近年来,中外关于地基遥感协同观测开展了大量研究。在国际上,Young 等(2000)利用激光雷达和微波辐射计联合得到了云层平均的云粒子大小;Remillard 等(2013)联合微波雷达和微波辐射计得到了云粒子大小和液态水含量的垂直廓线以及云层平均的云滴数浓度。Sauvageot 等(1987)、Fox 等(1997)、Miles 等(2000)利用云雷达、激光雷达、微波辐射计等仪器分析研究了非降水云的微物理垂直结构,得到了一些 Z-LWC 经验关系。Frisch(1995,1998,2000)提出了云雷达结合微波辐射计联合反演暖云液态水含量(LWC)垂直廓线的方法。美国国家大气研究中心地球观测实验室(NCAR/EOL)部署了一套综合探测系统(ISS),该系统由风廓线雷达、RASS、多普勒激光测风雷达、激光云高仪、无线电探空仪和其他传感器组成,主要用于获取大气对流层中下层和大气边界层的气象信息,对热带气象学、恶劣天气、山地气象学、海洋大气交换、降水、微物理、风能、农业、大气化学、大气重力波等研究具有重要作用。美国国家大气研究中心(NCAR)近年来还发展了一个低对流层观测系统(LOTOS),主要是对不同遥感设备的探测能力进行分类,设计出了可以综合集成多种探测设备的系统平台,LOTOS集成平台可以进行温度、湿度、风、云、温室气体和气溶胶的遥感垂直剖面观测,湍流和地表通量观测,及自动无线电探空仪发射等,用户可以根据实际任务选择设备,灵活构建不同性能的应用平台。这一系统解决了依靠单一设备难以满足的多样信息需求的问题,可以实现从局地到区域规模的观测,也可针对气候系统各圈层要素相互作用的需求选择仪器设备,进行观测站点设计。在每一个观测点建立组合观测的基础上,LOTOS 还可以对多达 5 个站的观测进行集成,建立区域观测网络,这一组合网络很适合在复杂地形条件下针对业务、科研需求进行观测设计,达到对中小尺度天气系统进行区域性精细化立体观测的目的。

欧洲气象业务部门通过已建成的多普勒激光测风雷达(DWL)、后向散射激光雷达/云高仪(ALC)、微波辐射计(MWRs)等设备组成的欧洲地基廓线观测网获取对流层中下部温、湿、风、气溶胶、云等信息,提出了激光雷达和云高探测结合的新概念,即 ALC。在获取基本信息的基础上,还可以推算出更多产品,如湍流水平、边界层状况、低空急流变化等。E-PRO-FILE 是 EUMETNET 综合观测系统(EUOS)的一部分,该系统主要包括欧洲雷达风廓线仪(RWP)、后向散射激光雷达/云高仪(ALC)网络,用于监测风和气溶胶(包括火山灰)的垂直廓线。由 29 个系统组成的 RWP 网络自 2005 年以来已投入运行,成为 EUMETNET 的一部分。E-PROFILE 项目原目标是建设风廓线雷达网,现在通过与 TOPROF 项目合作,扩充了垂直廓线信息种类,在应用上也有了更多的技术选择,形成综合产品,供预报业务和数值模式使用。

美国 ARM 计划从陆地到海洋进行了长期的连续观测,目的是研究云和气溶胶的相互作用,提高和改进气候变化模式的预测能力。ARM 计划中雷达的最新进展始于 2011 年,当时第一代毫米波测云仪(MMCRs)被 Ka 波段天顶雷达(KAZR)取代。KAZR 的天线改善了旁瓣性能,具有双接收功能(可同时容纳短脉冲和较长脉冲的传输以及脉冲压缩),以实现模式之间的更快循环,以及全数字接收器技术可实现 100% 的数据处理效率。同时,针对船上部署开发了运动稳定的 W 波段云雷达(WACR)。此外,还有 6 个扫描云雷达(SACR),每个 SACR 系统都由一个双频雷达系统(具体为:3 个 Ka/W 波段 SACR,3 个 Ka/X 波段 SACR)组成,其波束宽度为 0.3°,能够利用差分吸收和散射信号进行定量微物理观测。ARM 计划几年后又开发了 2 个第二代 SACR,最近部署的 2 个第二代 Ka/W 波段 SACR 提供了完全的双极化功能。为了将云和气溶胶演变过程研究扩展到降水云和更深的对流云中,ARM 计划在厘米波雷达上进行大量投资,部署了 4 个 1.0° 宽度 X 波段扫描降水雷达,1 个部署在阿拉斯加的 NSA 天文台,另外 3 个部署在南部大平原 SGP 天文台。2017 年,ARM 计划又开发了 2 个独特的第二代 SAPR,即部署到北大西洋东部(ENA)天文台的 0.5° 宽幅双极化 XSAPR,用于研究浅海海洋云系统。超近距离部署和长期连续观测一直是 ARM 计划的策略,因此可以观察到各种情况,从而能够对特定天气现象进行更全面的分析。此外,ARM 计划还会结合其固定站点或移动站进行短时增强观测,至今累计支持了全球超过 56 个大型的观测试验,为 SGP 天文台站由 1 个 KAZR、1 个 Ka/W 波段 SACR、3 个 XSAPR、1 个双极化 XSAPR 和 1 个 CSAPR 组成的异构分布式雷达网络,旨在从浅积云到深厚对流云区连续采样。利用 KAZR 的优势,再加上微脉冲激光雷达(MPL)和微波辐射计(MWR)的测量,极大地提高检测冰和混合相态云中水凝物的能力。通过添加多波长、光谱和极化信息,ARM 计划中雷达网络的测量能力得到了明显改善,可用于混合相态云的微物理特征分析。

由欧盟支持的 CloudNet 云、气溶胶观测网项目,从 2001 年开始在英国 Chilbolton、法国 Paris 和新西兰的 Cabauw 开始部署观测,试验联合了云雷达、激光雷达和微波辐射计,一直从事云、气溶胶和污染物的研究,目的就是得到高时空分辨率的云垂直结构和辐射特性,从而改进云预报模式。项目旨在通过将模型输出与云特性垂直剖面的连续地面观测进行比较,从而对预报和气候模型中的云进行系统评估。欧洲 EARLINET 气溶胶激光雷达网建立于 2000 年,其主要目的是为欧洲大陆范围内的气溶胶分布提供一个全面的、定量的、具有统计意义的数据库。目前,EARLINET 拥有 27 个活跃站点,主要分为多波长拉曼激光雷达站、拉曼激光雷达站、弹性散射激光雷达站。

美国国家海洋与大气局(NOAA)的气象服务中心和美国国家环境预报中心等组织于 1991 年创建了 NDACC(全球大气成分变换观测网),主要用于观测和研究对流层上部、平流层、中间层的物理化学状态的变化,并评估这种变化对对流层下部以及全球气候的影响,全球分布有 70 多个观测站(点),其中有 21 个激光雷达站(点)。美国和加拿大一些大学或研究所的激光雷达相关研究人员合作建立了 REALM,REALM 不同站点的激光雷达系统也不尽相同,包括弹性散射激光雷达、拉曼激光雷达、差分吸收激光雷达、高光谱分辨率激光雷达,共 14 个站(点)。

　　中国针对地基遥感协同观测也独立开展或参与了国际相关研究。2013 年 8 月,中国气象局气象探测中心在吉林白城同时布设了微波辐射计、地基导航卫星遥感水汽(GNSS/MET)系统、业务用 L 波段探空系统、芬兰维萨拉 RS92 探空系统、系留气球探测系统、100 m 气象塔分层探测和激光测云仪等高空观测系统,开展了为期 1 个月的综合比对试验,对温度廓线、相对湿度廓线、水汽密度廓线、总水汽量和云底高度等要素进行了综合比对分析,试验结果表明在无云情况下微波辐射计探测温、湿度廓线结果准确度较高,而有云情况下微波辐射计的温、湿度廓线反演结果相对较差。中国气象局气象探测中心与中国科学院空间中心等单位,针对改进微波辐射计有云和降水条件下的准确探测问题以及风廓线在降水条件下的准确探测问题,基于 W 波段毫米波固态功率器件技术、W 波段毫米波发射接收链路技术、K 和 V 波段微波信号直检技术、信号处理及廓线反演技术等,在已有的工作基础上,设计多波段微波遥感结合的大气廓线探测系统。近年,中国气象局气象探测中心在北京南郊大气探测试验基地布设由毫米波测云仪、微波辐射计、风廓线雷达、激光雷达等组成的地基垂直遥感综合观测站,并利用多源遥感观测数据开展云微物理参数反演及应用研究。2012 年,中国科学院大气物理研究所开始开展大气成分综合探测系统的研制工作,通过该系统获得准连续的大气温度、湿度、风场、大气温室气体与污染气体、云和气溶胶的高垂直分辨率的廓线观测资料,并通过集成反演算法的建立实现对全大气层相对完整的同时观测,实现对大气垂直结构、运动变化与成分输送的研究。黄治勇等(2014)综合应用风廓线雷达、微波辐射计、天气图和雷达回波资料,分析了中尺度系统以及风切变、水汽、垂直速度和不稳定层结等冰雹潜势条件的演变特点。黄书荣等(2017)利用毫米波测云仪和风廓线雷达的不同探测特性,结合毫米波测云仪观测数据对风廓线雷达进行湍流信号和降水信号的分离,进而提取出其中的大气垂直运动信息。钟正宇等(2018)根据不同观测模式下风廓线雷达和毫米波测云仪得到的数据,计算在一定高度区间内不同下落速度的降水粒子反射率因子变化量,初步分析了不同下落速度的降水粒子对毫米波衰减的影响。徐继伟(2020)利用激光和微波对不同尺度大小的云粒子不同的敏感性,联合二者的遥感观测信息反演得到云粒子的尺度分布,在确定云粒子谱分布的具体模型后,通过激光雷达测量的消光系数和毫米波雷达测量的雷达反射率因子反演云粒子的有效半径等微物理参数。

5.2　地基遥感垂直观测产品体系

　　中国气象局气象探测中心在国家级气象业务平台(探测中心天衡、天衍系统)建立了地基遥感垂直观测系统"观测端—中心级"二级产品体系,包含"单站产品—组网产品—多源组合产品—融合产品"四类观测产品。其中,单站产品指在单站形成的垂直观测产品,包括单设备和同站观测集成系统生成的产品;组网产品指在中心级形成的区域或全国的面产品;多源组合产品指地基遥感垂直观测系统形成的温、湿、风、气溶胶、水凝物五条廓线及其衍生产品的叠加,以及与其他探测资料的组合产品;融合产品指利用地基遥感垂直观测及其以外的资料通过算法处理得到的产品。观测端包括基本产品和观测产品 40 余种,中心级包括"多源组合产品—组网产品—融合产品"3 类 20 余种产品,主要产品见表 5.1。本节重点介绍这些垂直产品的属性、特点和应用场景。

表 5.1　垂直观测主要产品

级别		产品类别	毫米波测云仪	微波辐射计	风廓线仪	气溶胶激光观测仪(三波长)	GNSS/MET
观测端	单站	基本产品	反射率因子、径向速度、谱宽、功率谱、信噪比等	亮温	水平风、垂直速度、信噪比、谱宽、大气折射率结构常数(C_n^2)	分通道显示原始回波、后向散射系数、消光系数、退偏振比、光学厚度	观测伪距、载波相位等
		观测产品	云高(云顶、云底)、液态水含量	温度、相对湿度、水汽密度、积分水汽总量、积分液态水含量			对流层天顶总延迟、大气可降水量等
		融合产品(单站)	粒子有效半径、特征层高度、气溶胶层厚度、边界层高度、逆温层高度、抬升凝结高度、K 指数、A 指数、抬升指数、沙氏指数、总指数、温度平流、T85 温差、云水相态、大气垂直速度、湿度融合产品				
中心级		组网产品	区域或全国的云高(云顶、云底)、粒子有效半径、液态水含量	区域或全国的温度、相对湿度、水汽密度、积分水汽总量、积分液态水含量、0 ℃等特征层高度	区域或全国的水平风	区域或全国的消光系数、退偏振比、光学厚度	区域或全国的对流层天顶总延迟、大气可降水量
		多源组合产品	五条廓线一张图、多源组合风场等				
		融合产品	$T\text{-}\ln p$ 图、低空急流、涡度、散度、星地云融合产品、星地温度融合产品等				

5.2.1　垂直观测系统单站产品

5.2.1.1　毫米波测云仪

产品简介

基于毫米波测云仪单站观测数据,实现反射率因子、径向速度、速度谱宽、信噪比、云高产品的显示。

- 产品时间分辨率:1 min;
- 产品时效:30 min。

产品特点及应用场景

毫米波测云仪垂直观测产品中,雷达反射率因子是目标物单位体积中云滴或者降水粒子直径 6 次方的总和,常用来表示气象目标的强度,值越大代表回波越强;径向速度表征云粒子在垂直方向上的移动方向和快慢,规定向上为正,向下为负;速度谱宽是对在一个距离库中速度离散程度的度量,谱宽越大代表径向速度越不均匀;信噪比表示在功率谱上得到的气象信号的能量与背景噪声的比值,表征了回波信号在接收端的强弱。

通过对毫米波测云仪观测产品进行分析,可以知道云及弱降水的高度位置信息,同时根据高度、强度、速度等随时间变化特征,外推下一个时刻天气特点。

产品提供形式

①网页在线访问。用户可通过天衍系统菜单访问相关产品。

②数据文件。可提供产品数据,基数据为二进制文件,云高数据格式为 csv。

产品示例如图 5.1～图 5.5。

图 5.1　毫米波云雷达反射率因子产品

图 5.2　毫米波云雷达径向速度产品

访问路径

http://10.36.5.45:8096/main→"综合观测"→"观测种类"→"垂直观测系统"点击"云雷达"点击"单站产品"。

5.2.1.2　微波辐射计

产品简介

基于微波辐射计单站观测数据,实现亮温、温度廓线、湿度廓线、水汽密度廓线、积分水汽含量等产品的显示。

• 产品时间分辨率:2 min;

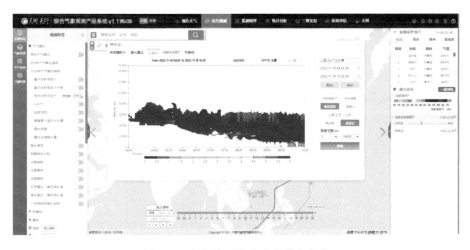

图 5.3　毫米波云雷达速度谱宽产品

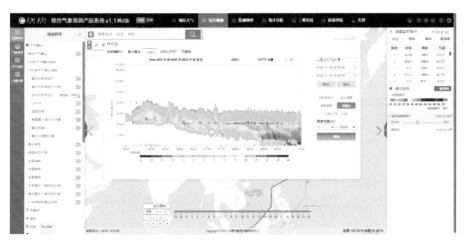

图 5.4　毫米波云雷达信噪比产品

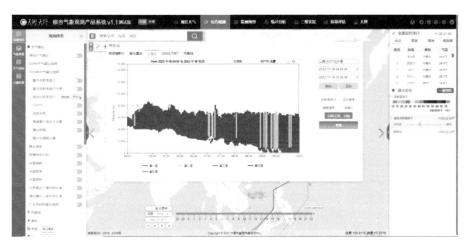

图 5.5　毫米波云雷达云高产品

• 产品时效：30 min。

产品特点及应用场景

地基微波辐射计是一种被动遥感探测设备,在微波 V 波段大气氧气窗口(51～59 GHz)和 K 波段大气水汽窗口(22～31 GHz)内选择合适的频率,通过多通道连续探测大气水汽和氧气的自然微波辐射,实时连续探测对流层(含边界层)大气温度、湿度、云水分布以及水汽、液态水含量等多种大气参数,具备对中小尺度大气层结的精细探测能力,可作为常规高空观测的有益补充,为天气监测、预警、数值预报、人工影响天气指挥及作业效果评估提供连续的观测数据和决策依据。

产品提供形式

①网页在线访问。用户可通过天衍系统菜单访问相关产品。

②数据文件。可提供产品数据,格式为 TXT。

产品示例如图 5.6～图 5.10。

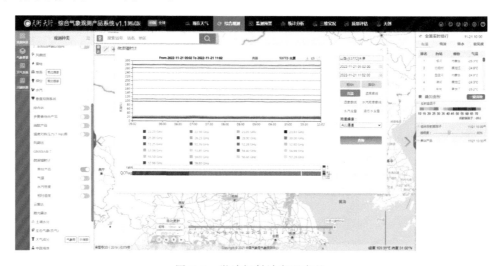

图 5.6　微波辐射计亮温产品

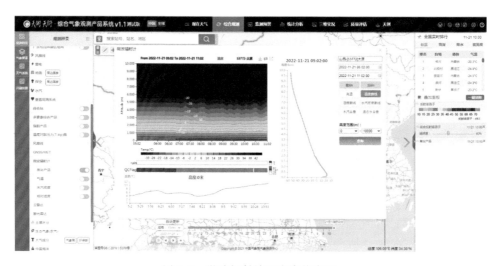

图 5.7　微波辐射计温度廓线产品

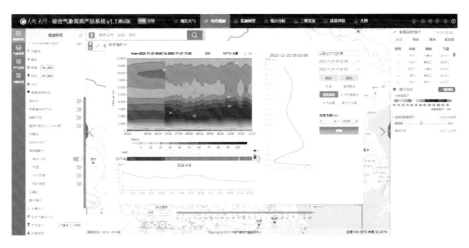

图 5.8　微波辐射计湿度廓线产品

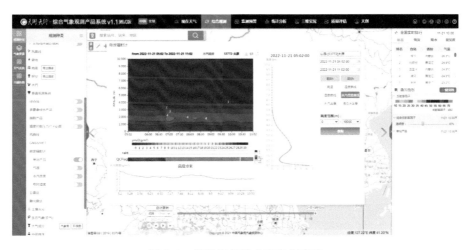

图 5.9　微波辐射计水汽密度产品

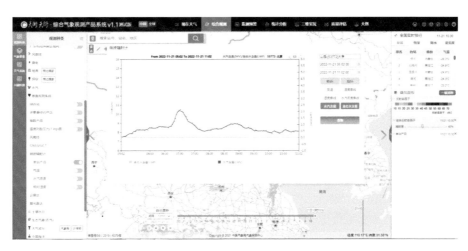

图 5.10　微波辐射计积分水汽含量产品

访问路径

http://10.36.5.45:8096/main→"综合观测"→"观测种类"→"垂直观测系统"点击"微波辐射计"点击"单站产品"。

5.2.1.3　风廓线雷达

产品简介

基于风廓线雷达单站观测数据,实现水平风、垂直速度、大气折射率结构常数(C_n^2)等垂直廓线产品的显示。

• 产品时间分辨率:6 min;
• 产品时效:30 min。

产品特点及应用场景

风廓线雷达获取的资料具有很高的时间分辨率和高度分辨率,低对流层风场资料对于预报强降水有较好的效果。

产品提供形式

①网页在线访问。用户可通过天衍系统菜单访问相关产品。

②数据文件。可提供产品数据,数据格式为二进制文件和csv。

产品示例如图5.11～图5.13。

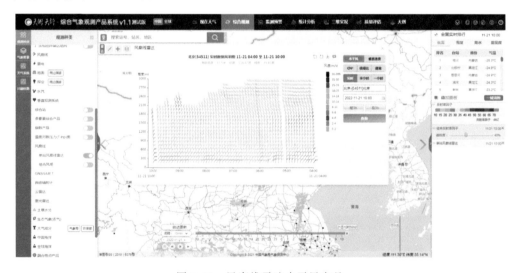

图5.11　风廓线雷达水平风产品

访问路径

"http://10.36.5.45:8096/main"→"综合观测"→"观测种类"→"垂直观测系统"点击"风廓线"点击"单站风廓线雷达"。

5.2.1.4　气溶胶激光雷达

产品简介

基于激光雷达单站观测数据,实现气溶胶消光系数、后向散射系数、退偏振比等产品的显示。

• 产品时间分辨率:5 min;

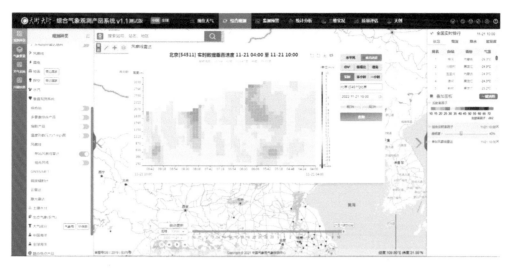

图 5.12　风廓线仪垂直速度产品

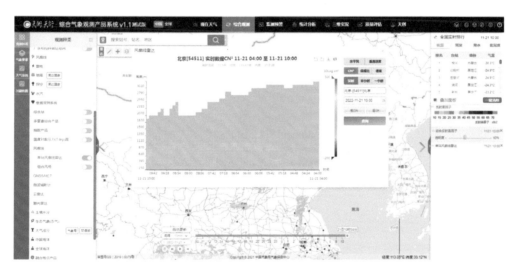

图 5.13　风廓线仪大气折射率结构常数(C_{n}^2)产品

- 产品时效:30 min。

产品特点及应用场景

气溶胶激光观测仪是一种主动光学廓线定量遥感设备,气溶胶激光雷达发射的激光与大气中气溶胶和气体分子发生反射、散射和吸收等作用,通过望远镜接收其后向散射回波来获得气溶胶、云等信息。气溶胶激光观测仪可以实时获得不同高度的气溶胶后向散射系数、消光系数、退偏比等一级产品;通过进一步计算,可获得颗粒物浓度、污染物混合层高度等二级产品。

通过气溶胶的后向散射系数、消光系数、退偏比等产品,可以分析气溶胶的垂直分布和时间演变特征,以及分辨各空间尺度的大气颗粒物的模态,实现对自然源和人为源、粗粒子和细粒子的区分以及获取大气垂直能见度信息。

产品示例如图 5.14~图 5.20。

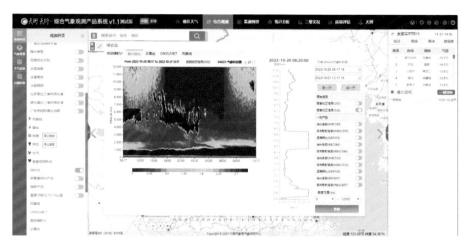

图 5.14 532 nm 距离校正信号（原始信号）

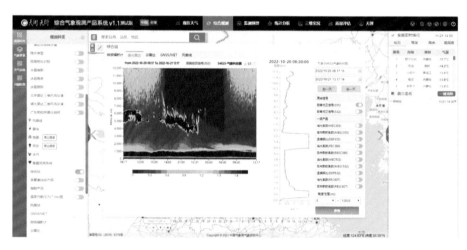

图 5.15 355 nm 距离校正信号（原始信号）

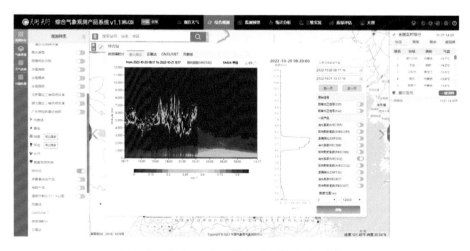

图 5.16 532 nm 气溶胶消光系数（一级产品）

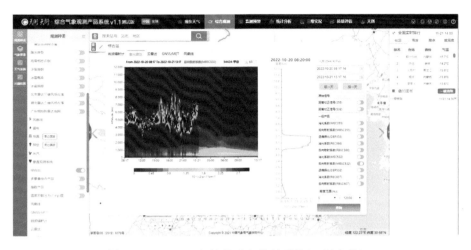

图 5.17　532 nm 气溶胶后向散射系数（一级产品）

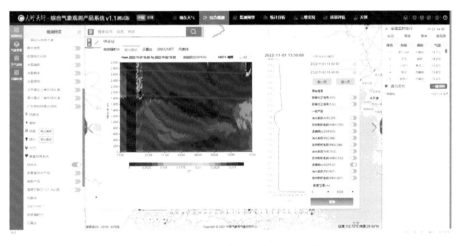

图 5.18　532 nm 气溶胶退偏比（一级产品）

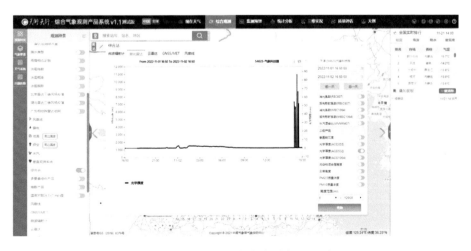

图 5.19　532 nm 气溶胶光学厚度（二级产品）

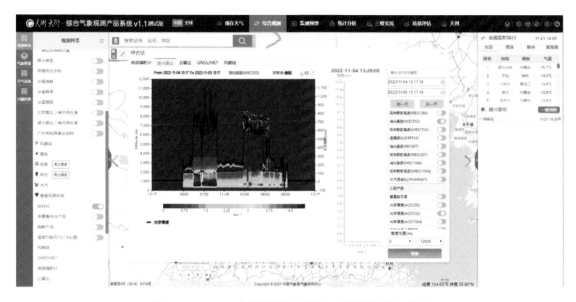

图 5.20   532 nm 气溶胶消光系数与光学厚度叠加产品

访问路径

"http://10.36.5.45:8096/main"→"综合观测"→"观测种类"→"垂直观测系统"点击"激光雷达"点击"单站产品"。

5.2.2   垂直观测系统组合产品

5.2.2.1   多要素组合产品

产品简介

基于垂直遥感类观测数据,实现垂直风速、温度、湿度、云雷达反射率因子、消光系数、水平风羽等要素的综合叠加。

- 产品时间分辨率:6 min;
- 产品时效:30 min。

产品特点及应用场景

垂直观测系统组合产品是采用时空匹配技术,将温度、湿度、风、水凝物、气溶胶等要素组合起来,可以了解某一时刻的大气温、湿、风、水凝物、气溶胶等的配置情况,可分钟级、精细化地跟踪和捕捉中小尺度天气过程的演变特征。

通过对垂直观测系统组合产品进行分析,可以知道某地大气的热力、动力、云系以及气溶胶等连续性发展变化,结合天气过程的发生、发展条件,分析未来天气过程是否维持或减弱。

产品提供形式

①网页在线访问。用户可通过天衍系统菜单访问相关产品。

②数据文件。可提供产品数据,格式为 csv。

产品示例如图 5.21。

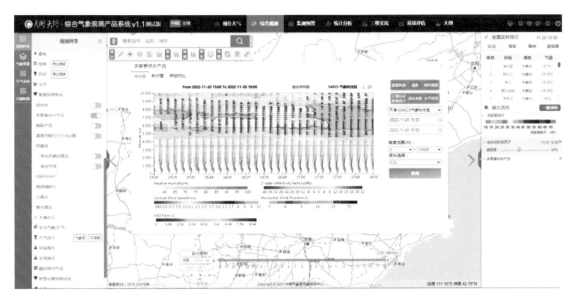

图 5.21　垂直多要素组合产品

访问路径

"http://10.36.5.45:8096/main"→"综合观测"→"观测种类"→"垂直观测系统"点击"多要素综合产品"。

5.2.2.2　T-ln$p$ 图产品(微波辐射计＋风廓线雷达)

产品简介

基于垂直遥感观测和探空数据,实现分钟级温度-对数压力图的显示及与探空温度-对数压力图的对比。

- 产品时间分辨率:6 min;
- 产品时效:10 min。

产品特点及应用场景

基于微波辐射计和风廓线雷达两种地基遥感设备观测数据,利用温度、相对湿度和风速风向数据,计算和绘制分钟级温度-对数压力图,还根据特定高度上的温度和相对湿度计算深对流指数(DCI)、抬升指数(LI)、对流有效位能(CAPE)、全总指数(TT)、K 指数、沙氏指数(SI)、特征高度 0 ℃ 等层结稳定度、对流指数等参数,有效填补探空数据每日两次外的资料空白,提升短临监测和预报、预警服务能力。

产品提供形式

①网页在线访问。用户可通过天衍系统菜单访问相关产品。

②数据文件。可提供产品数据,数据格式为 csv。

产品示例如图 5.22～图 5.23。

访问路径

"http://10.36.5.45:8096/main"→"综合观测"→"观测种类"→"垂直观测系统"点击"温度对数压力(T-ln$p$)图"。

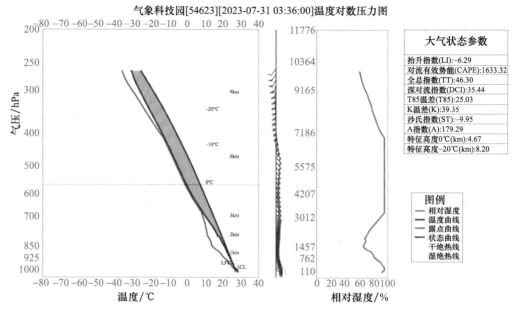

图 5.22　T-$\ln p$ 产品

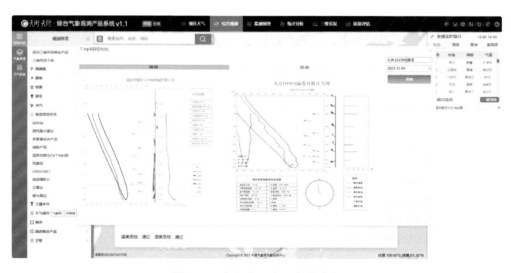

图 5.23　与探空 T-$\ln p$ 产品对比

5.2.3　垂直观测系统融合产品

5.2.3.1　云水相态(云雷达＋微波辐射计)

产品简介

云水相态产品是基于神经网络方法,结合云雷达基数据和微波辐射计温度数据,对云、雨粒子相态的垂直结构进行分类,分为冰晶、雪花、混合相态、液态云滴、融化层、雨滴等相态识别产品。

- 产品时间分辨率:10 min;
- 产品时效:30 min。

产品特点及应用场景

可用于识别雨雪类型、相态转换以及演变过程,解决预报业务中降水的自动识别问题。粒子相态产品可用于判断天气形势,对降水类型预报具有一定的参考价值。

产品提供形式

①网页在线访问。用户可通过天衍系统菜单访问相关产品。

②数据文件。可提供产品数据,数据格式为 csv。

产品示例如图 5.24。

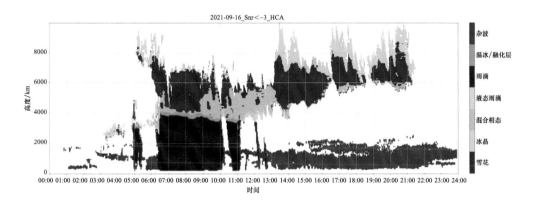

图 5.24　云水相态产品

访问路径

"http://10.1.64.45:7001/mco/"→"综合观测"→"观测产品"→"云雷达"点击"云相态"。

5.2.3.2　边界层高度(微波辐射计＋风廓线＋探空)

产品简介

基于微波辐射计的温度、风廓线雷达的水平风和探空的气压数据,使用理查森数法计算得到大气边界层高度产品,叠加温、湿、风、水凝物等多要素组合显示。

- 产品时间分辨率:6 min;
- 产品时效:30 min。

产品特点及应用场景

大气边界层是指存在各种尺度的湍流,湍流输送起重要作用并导致气象要素日变化显著的低层大气,该区域湍流混合强烈,常用来判断大气层结稳定情况。通常情况下,大气边界层的变化范围在 2 km 以下,随着人类活动范围的扩大,大气边界层的变化范围可达 4 km 或超过 4 km。大气边界层高度是大气数值模式和大气环境评价的重要物理参数之一,对天气预报的诊断分析、城市污染物的监控有相当重要的作用。

产品提供形式

①网页在线访问。用户可通过天衍系统菜单访问相关产品。

②数据文件。可提供产品数据,格式为 csv。

产品示例如图 5.25。

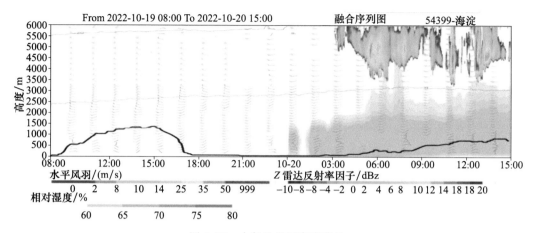

图 5.25　大气边界层高度产品

访问路径

"http://10.1.64.45:7001/mco/"→"选择站点"→"融合产品"→"序列图"→勾选"边界层高度"。

5.2.3.3　指数类产品(风廓线雷达＋微波辐射计)

产品简介

基于垂直遥感观测数据,实现 A 指数、K 指数、总指数、深对流指数、抬升指数、沙氏指数等产品的显示。

- 产品时间分辨率:2 min;
- 产品时效:30 min。

产品特点及应用场景

利用地基遥感垂直设备提供的温、湿、风等垂直廓线数据,可形成分钟级的强对流指数,有效弥补探空观测时次外的空白,为提升短临潜势预报服务能力提供支撑。

产品提供形式

①网页在线访问。用户可通过天衍系统菜单访问相关产品。

②数据文件。可提供产品数据,数据格式为 csv。

产品示例如图 5.26～图 5.31:

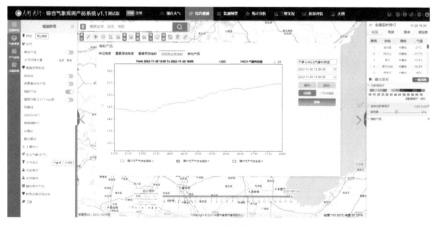

图 5.26　K 指数产品

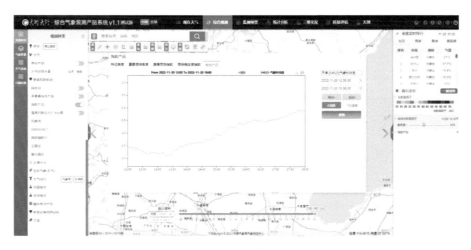

图 5.27　A 指数产品

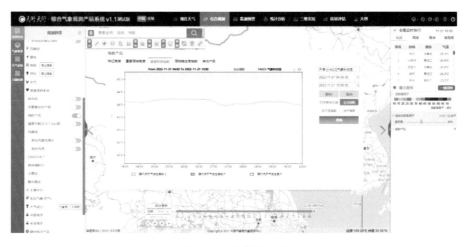

图 5.28　总指数产品

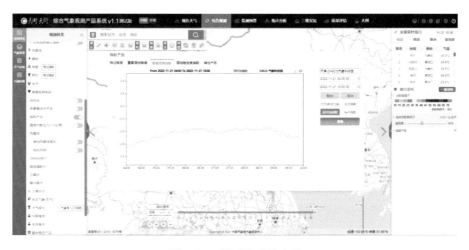

图 5.29　深对流指数产品

图 5.30　抬升指数产品

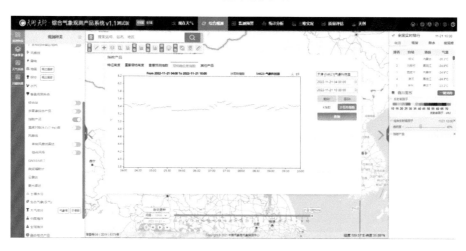

图 5.31　沙氏指数产品

访问路径

"http://10.36.5.45:8096/main"→"综合观测"→"观测种类"→"垂直观测系统"点击"指数产品"。

5.2.4　多源风廓线组合产品

产品简介

多源组合风场产品是将全网风廓线雷达、天气雷达的速度方位显示产品（VAD）、探空进行组合,形成等压面（气压坐标系）及等高面（物理坐标系）水平组合风场。

产品时间分辨率:6 min;

产品时效:8 min;

垂直分辨率:1000 hPa、950 hPa、925 hPa、…、200 hPa 特征层,共 13 层;

水平分辨率:326 个站点。

产品特点及应用场景

多源组合风场产品中风廓线雷达、天气雷达 VWP 产品均经过中心级质量控制,与探空对比水平风标准差≤2.8 m/s。

产品旨在对天气系统环流及次天气系统环流(如锋面、温带气旋、台风、季风等)的强度、位置进行准确描述,高时空分辨率展现高空风形势,弥补探空观测时间频次低的缺点。

产品提供形式

①网页在线访问。用户可通过天衍系统菜单访问相关产品。

②数据文件。可提供产品数据,数据格式为二进制格式。

产品示例如图 5.32。

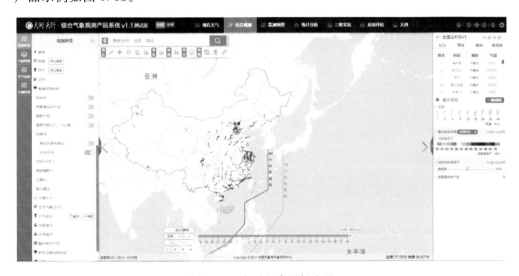

图 5.32　水平组合风场产品

访问路径

"http://10.36.5.45:8096/main"→"综合观测"→"观测种类"→"垂直观测系统"点击"风廓线"点击"组合风场"。

5.2.5　涡度散度面产品

产品简介

基于实况分析三维风场产品,实现涡度、散度产品的显示。

· 产品时间分辨率:1 h;

· 产品水平空间分辨率:3×3 km;

· 产品垂直高度层:850 hPa、700 hPa、500 hPa、200 hPa;

· 产品时效:2 h。

产品特点及应用场景

涡度、散度的概念源于流体力学,涡度是速度场的旋度;散度是速度场的辐合、辐散。观测事实和理论研究表明,暴雨系统的形成和发展与环境涡度和散度的分布及演变有十分密切的关系。预报工作中,常将低层辐合、高层辐散和低层正涡度、高层负涡度作为强天气发生的参考条件。

产品提供形式

①网页在线访问。用户可通过天创系统菜单访问相关产品。

②数据文件。可提供产品数据,格式为 csv。

产品示例如图 5.33~5.34。

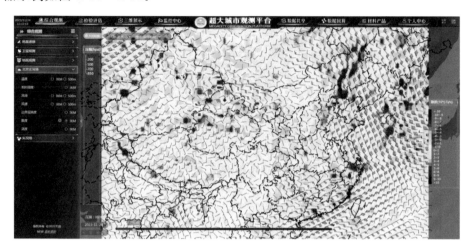

图 5.33　散度产品

图 5.34　涡度产品

访问路径

http://10.1.64.45:7001/mco→"综合观测"→"北京实况场"→点击"涡度"/"散度"。

5.3　地基遥感垂直观测产品应用

5.3.1　寒潮雨雪

5.3.1.1　2022 年 2 月 5—9 日南方大范围雨雪

（1）天气背景与实况

2022 年 2 月 5—9 日,受东移南支槽和江淮切变线以及西南低空急流共同影响,中国南方出现了一次大范围雨雪天气过程。6 日 08:00,500 hPa 南支槽位于青藏高原东部,700 hPa 中

国南部受西南低空急流影响,云南大部分地区风速超过 22 m/s,850 hPa 江淮切变线维持
(图 5.35a)。降水实况显示 6 日凌晨至午后,云南省西部出现了 40 mm 以上的累计降水
(图 5.35b)。6 日 20:00,南支槽东移至川西高原东侧至云南中部一带,槽前西南急流强盛,
700 hPa低空急流也有所加强,湖南西部风速达 30 m/s,850 hPa 江淮切变线稳定少动,同时南
风风速显著增大(图 5.35c)。降水实况显示 6 日下午至 7 日凌晨,南方降水量普遍在 1～20
mm,其中贵州、广西、云南 3 省交界处降水量在 20 mm 以上(图 5.35d)。7 日 08:00,南支槽东
移至陕西—重庆—贵州—广西一带(图 5.35e),在南支槽、低空急流和江淮切变的共同影响
下,华南 12 h 降水量普遍在 10 mm 以上,部分地方超过 20 mm(图 5.35f)。

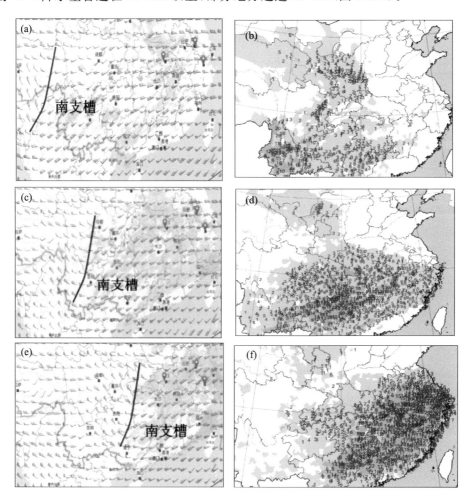

图 5.35　2 月 6 日 08:00(a)、6 日 20:00(c)、7 日 08:00(e)雷达拼图叠加 500 hPa 融合风场;
6 日 14:00(b)、7 日 02:00(d)、7 日 14:00(f)12 h 累计降水实况

(2)垂直观测资料应用

①杭州降水过程垂直观测资料应用

水平风羽图(图 5.36a)显示,6 日 20:00 开始,低层东南风加强,中、高层西南风加强,地面
到 5 km 风随高度顺时针转动,暖平流增强。温度平流产品显示,6 日 20:00—22:00 暖平流高
度逐渐降低,强度增强,暖湿气流输送明显(图 5.36b)。水汽密度产品显示,6 日 08:00,水汽

密度在2~4 km增加至3 g/m³(图5.36c),云雷达显示暖云深厚,云底降低,21:26回波接地,出现降水(图5.36d)。

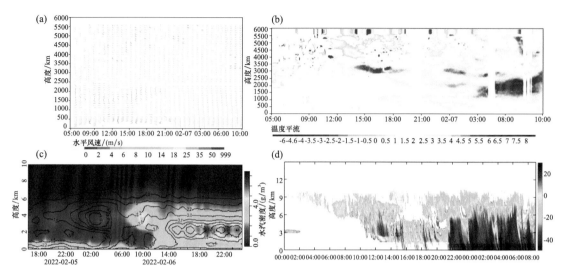

图5.36　杭州站水平风羽(a)、温度平流(b)、水汽密度(c)、云雷达反射率因子(d)产品

　　云水相态识别产品显示中空为雪花,近地面为雨滴(图5.37a)。地面站观测资料显示,22时发生降水后,地面气温在3~5 ℃,天气现象为降雨(图5.37b)。云雷达观测到降雨时间较地面观测站提前半小时以上。

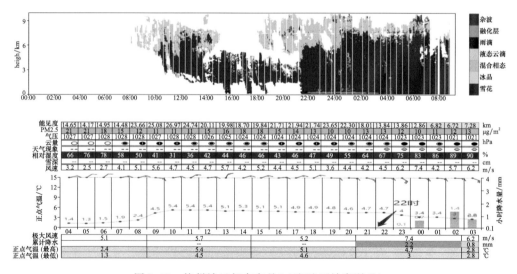

图5.37　杭州站云相态产品(a)和地面站实况(b)

　　②南京降水过程垂直观测资料应用

　　南京站水平风羽图(图5.38a)显示,6日18:00起,2 km以下为偏东风,7日02:00起,东风增强至10 m/s,水汽条件转好。云雷达反射率因子监测显示,7日03:00云体接地,发生降水(图5.38b)。云水相态识别产品显示,03:00起为降雪(图5.38c)。地面观测站显示近地面温度在0 ℃左右,于04:00观测到降雪(图5.38d),云雷达较地面实况观测时间提前1 h。

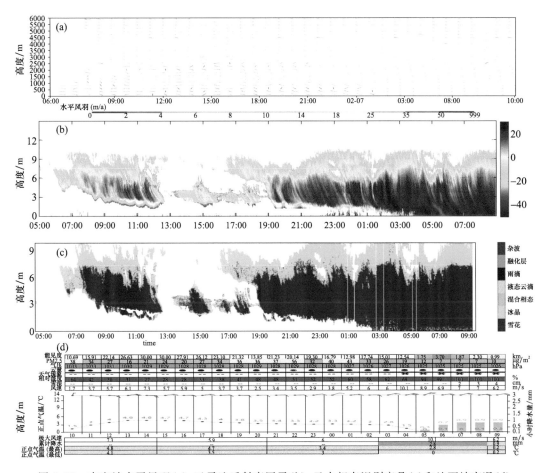

图 5.38　南京站水平风羽(a)、云雷达反射率因子(b)、云水相态识别产品(c)和地面站实况(d)

5.3.1.2　2022 年 2 月 12—14 日北京降雪天气

(1)天气背景与实况

2022 年 2 月 13 日受短波槽和低涡切变线影响,北京出现了一次降雪天气过程。13 日凌晨,在低涡东南部的西南气流引导下,降水云团自石家庄方向移入北京(图 5.39a)。13 日上午,低涡切变位于北京上空,700 hPa 西南急流明显,降水云系持续发展(图 5.39b、c)。13 日下午,700 hPa 由西南风转为西北风,850 hPa 低涡切变位于北京市北部,原降水云系逐渐移出北京,在 19:00 前后又有新的切变云系生成,其强度较弱,在 700 hPa 西北气流的引导下,逐渐向东南移动,在 13 日夜间影响北京(图 5.39d)。过程影响期间,北京地区自西南向东北普降中到大雪(图 5.40a),日最高气温在 −1.5 ℃ 以下(图 5.40b),最低气温 −6 ℃ 以下。

(2)垂直观测资料应用

①云雷达产品应用

从北京多站云雷达垂直廓线产品(图 5.41)可以看出,13 日 02:00 起北京自西南向东北方向发生降雪过程,降雪开始时间:房山站 02:30、延庆站 03:30、南郊站 03:30、海淀站 04:00、平谷站 06:00、密云站 08:00。

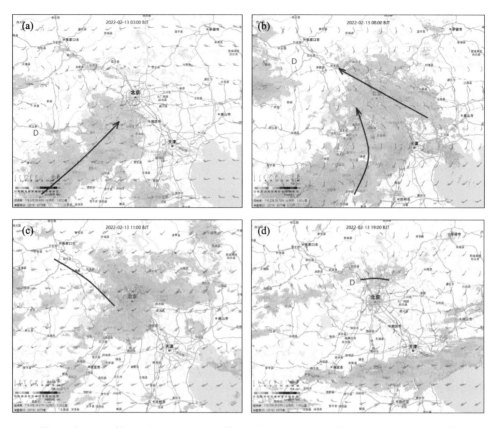

图 5.39　2 月 13 日 03:00 的 700 hPa(a)、08:00 的 850 hPa(b)、11:00 的 700 hPa(c)、19:00 的 850 hPa(d)
雷达拼图叠加融合风场

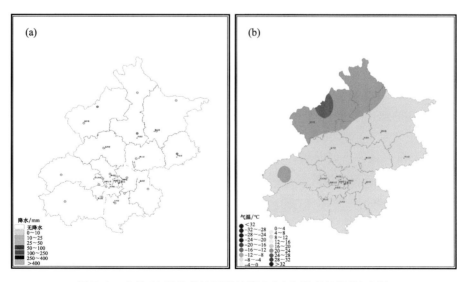

图 5.40　2 月 13 日北京地区累计降水(a)和最高气温(b)实况

从延庆站云雷达反射率因子产品叠加特征层高度图(图 5.42a)上可以看到,03:00 回波开始发展,反射率因子强度明显增大,云顶迅速上升至 7 km 左右,云底快速下降并在 03:30 接地。17:00 之后云顶高度降低至 2.5 km 以下,在 23:00 云体减弱消失。特征层高度显示地面温度在 0 ℃以上,−20 ℃高度在 3~3.5 km。云相态产品显示云团上部以冰晶为主,下部为雪花(图 5.42b)。

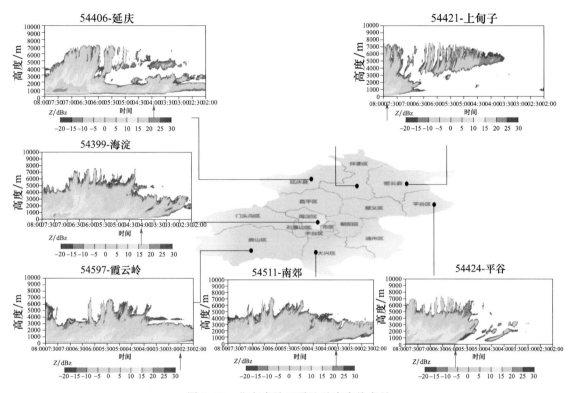

图 5.41　北京多站云雷达垂直廓线产品

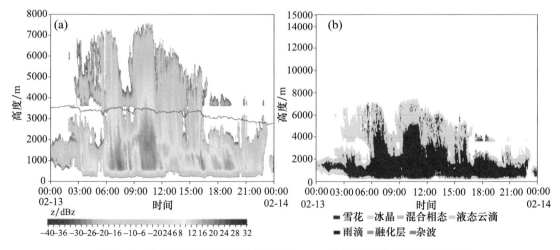

图 5.42　延庆站云雷达反射率因子叠加−20 ℃高度(a)和云相态产品(b)

②微波辐射计和风廓线产品应用

从北京海淀气象站水平风羽叠加温度平流产品图(图 5.43)上可见,13 日 00:00—14:00,中高层为西南气流,风速逐渐增强,在 08:00—14:00 出现了西南低空急流,最大风速超过

20 m/s,有利于暖湿气流输送,温度平流场上可以看到中层有强暖平流。14:00 之后,中层逐渐转为西北风,中、高层有冷平流入侵,冷平流叠加在暖平流之上,高度逐渐降低,造成地面降温。

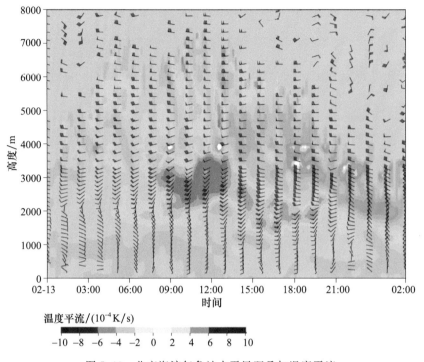

图 5.43　北京海淀气象站水平风羽叠加温度平流

北京延庆气象站水平风羽显示,13 日 21:00 起,3 km 以下西南风逐渐转为西北风,微波辐射计湿度产品显示,13 日白天受西南急流影响,中、低层水汽充沛。21:00 起中层水汽条件明显减弱,00:00 后近地面相对湿度减小,西北气流导致冷平流加强,表征系统过境延庆,预示着降雪结束(图 5.44a)。微波辐射计温度产品显示,降水发生后,地面温度持续降低,温度偏低降水为雪(图 5.44b)。

5.3.1.3　2023 年 11 月 5—7 日内蒙古、东北等地寒潮暴雪天气过程

(1)天气背景与实况

2023 年 11 月 5—7 日,高空槽涡东移,槽前激发地面气旋发展,槽后冷高压南下,带来强冷空气(图 5.45)。中国大部分地区自西向东先后出现大风降温天气。其中,新疆、西北地区中东部过程最大降温幅度 6~12 ℃,部分地区降温 12 ℃以上;内蒙古中部和东部、宁夏、陕西、东北地区最大过程降温 14~18 ℃,局部最大降温幅度 18 ℃以上;黄淮东部、江淮、江南东北部等最大降温幅度 4~10 ℃,局部降温 14 ℃以上。

(2)垂直观测资料应用

①天津观测基地垂直观测资料应用

云雷达产品显示,5 日 04:00 前,天津站上空有云系发展,回波强度较弱。04:00 开始云体迅速发展,04:30 回波接地,回波强度增强,径向速显著增大,地面测站观测到降水。17:00 后,云体减弱消散(图 5.46a)。温度平流产品显示,天津站上空有强冷平流,冷平流中心高度由 7 km 逐渐下降到 2 km 以下(图 5.46b)。

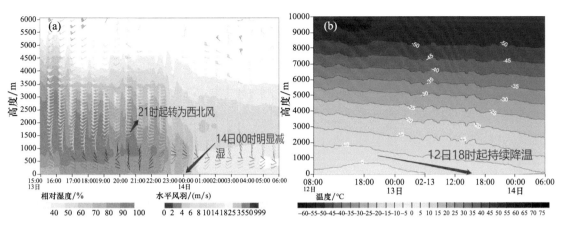

图 5.44 2022 年 2 月 13 日 15:00—14 日 06:00 延庆站水平风羽叠加湿度产品(a)和 2 月 12 日 08:00—14 日 05:00 温度廓线(b)

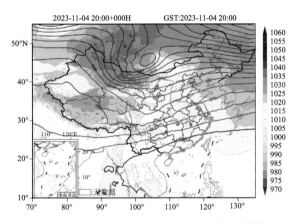

图 5.45 2023 年 11 月 4 日 500 hPa 高空实况

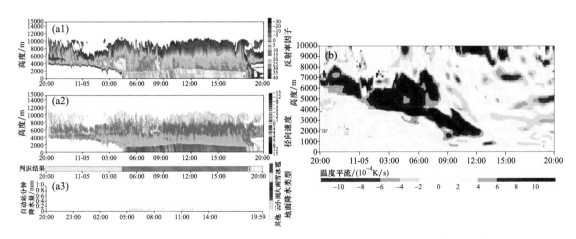

图 5.46 2023 年 11 月 4 日 20:00—5 日 20:00 天津站云雷达产品(a)和温度平流产品(b)

②呼和浩特站垂直观测资料应用

呼和浩特站 2023 年 11 月 5 日 03:00—08:00,云雷达产品显示回波接地,强度较弱,产生降水。5 日 05:00—06:00,风廓线产品显示有一小槽过境,1.5 km 以下转为偏北大风,地面站观测到 19.6 m/s 的西北大风。随着西北冷空气入侵,温度持续下降,随后在 08:00 出现了雨转雪相态转换。08:00—11:00,云雷达产品显示回波强度有所增强,降水类型判识结果为雪,相较地面站观测到雪的时间提前 1 h。随后低层北风减弱并逐渐转为弱西南风,云系快速减弱消散。16:00 前后,又有一小波过境,3 km 以下由西南风再次转为西北风。5 日 23:00—6 日 06:00,低涡过境,整层转为西北冷空气控制,地面站观测到 13.9 m/s 的西北大风。5 日 21:00—6 日 06:00,有低云发展,回波强度较弱,云底间歇接地,产生零星降雪(图 5.47)。

5.3.2 强对流

5.3.2.1 2022 年 5 月 24 日北京强对流天气

(1)天气背景与实况

2022 年 5 月 24 日午后至傍晚,受冷空气和切变线东移南压影响,北京出现了一次飑线天气过程。14:00 850 hPa 切变线位于河北省西北部地区,自西北向东南方向移动,形成飑线开始影响北京(图 5.48a)。系统东移过程中,回波南部移动速度更快,15:00 回波在承德南部开始分裂,逐渐分为南、北两段(图 5.48b)。17:00 北京北部回波逐渐消散,主体回波影响北京东南部(图 5.48c),20:00 南段回波消散,强对流天气过程结束(图 5.48d)。

24 日 14:00 起,北京自西北向东南方向出现降水和大风天气过程(图 5.49),降水主要以小到中雨为主,最大为佛爷顶 6.7 mm。北京西部和北部有 3 站出现大风,其中斋堂 22.4 m/s,汤河口 16.9 m/s,佛爷顶 14.2 m/s。

(2)垂直观测资料应用

①云雷达产品应用

北京海淀站云雷达反射率因子图(图 5.50a)显示,24 日 15:00 起高空云系发展,云底高度逐渐下降,16:05 回波接地,出现降水,结合径向速度图(图 5.50c)可知,3 km 以下径向速度已达 9~10 m/s,下落速度大,主要为对流性降水,对流云顶高度超过 11 km,且在 16:10 左右出现上升运动,对流最强盛。由云水相态识别产品(图 5.50e)可见,混合相态高达 8 km,对流较强。

北京怀柔站云雷达反射率因子图(图 5.50b)显示,24 日 14:30 起高空云系发展,云底高度逐渐降低,15:40 回波接地,出现间歇性降水,18:20 结束。从径向速度图(图 5.50d)可以看出,3 km 以下径向速度达到 9~10 m/s,下落速度大,主要为对流降水,对流云顶高度达到 10 km,且在 18:10 左右出现上升运动,对流最强盛。

②指数产品应用

从北京海淀站全总指数、K 指数、A 指数和沙瓦特指数(沙氏指数)产品(图 5.51)可以看出,24 日 15:00 之前,天气以晴为主,各指数保持稳定;15:00 起,海淀站云系开始发展,K 指数和 A 指数有较为明显的增长趋势;16:00 全总指数、K 指数和 A 指数出现突变式跃增,沙氏指数出现突变式降低,其中全总指数和 K 指数突破强天气预警值,16:05 海淀站出现降水。可见,指数产品对强天气的发生有较好的指示意义,但是由于飑线过程中天气变化比较快,指数预警提前量较小,全总指数和 K 指数阈值基本和降水同时出现,但在达到阈值之前的指数增长趋势可以提前 1 h 预示强对流天气发生概率的增加。

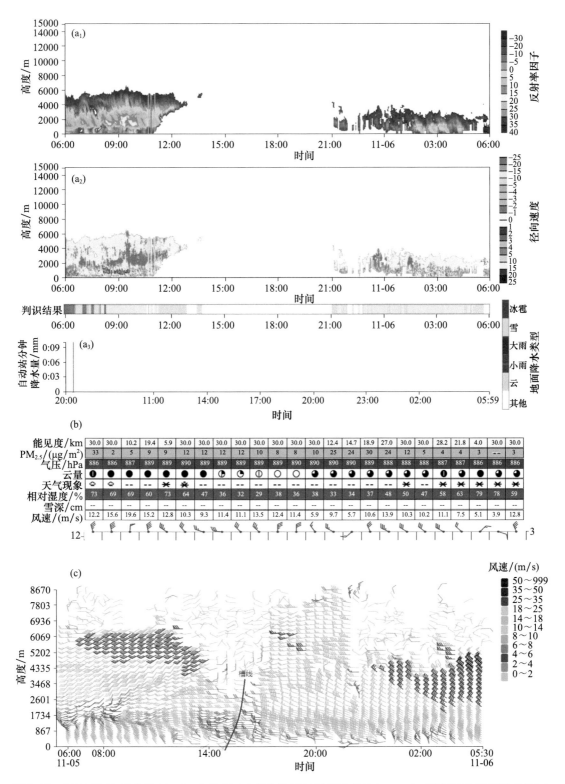

图 5.47　2023 年 11 月 5 日 06：00—6 日 06：00 呼和浩特站云雷达产品（a₁～a₃）、实况（b）和风廓线产品（c）

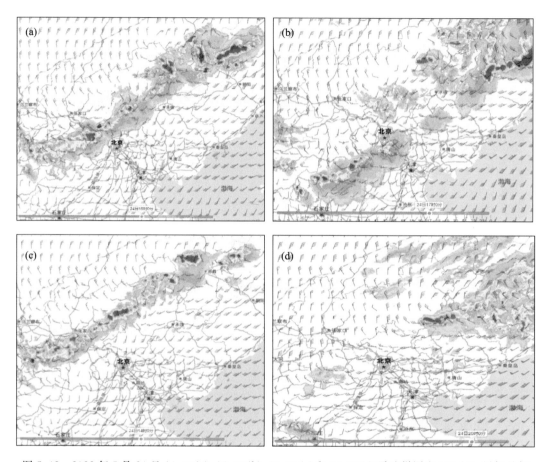

图 5.48 2022年5月24日14:00(a)、15:00(b)、17:00(c)和20:00(d)雷达拼图和850 hPa风场叠加

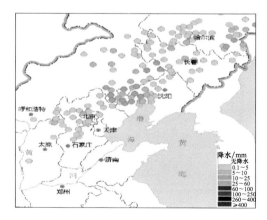

图 5.49 2022年5月24日08:00—25日08:00北京及周边地区累计降水

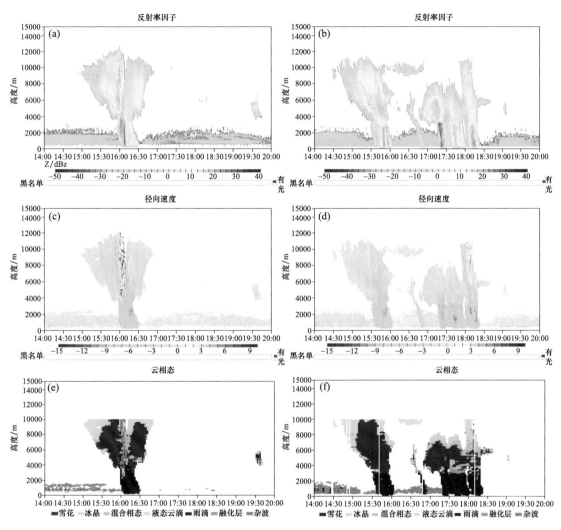

图 5.50　2022 年 5 月 24 日北京海淀站(a,c,e)和怀柔站(b,d,f)云雷达反射率因子、径向速度和云相态

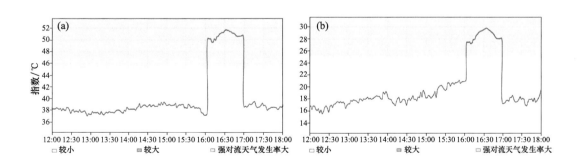

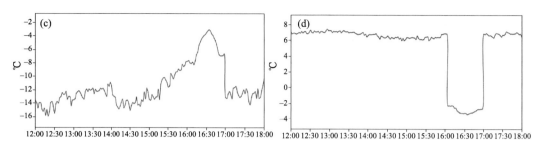

图 5.51　2022 年 5 月 24 日北京海淀站全总指数(a)、K 指数(b)、A 指数(c)和沙瓦特指数(d)产品

5.3.2.2　2023 年 4 月 28 日北京冰雹天气

(1)天气背景与实况

2023 年 4 月 28 日 12:00—22:00 受高空低涡、切变线和冷空气共同影响,北京出现了一次混合型强对流天气过程。14:00(图 5.52a)内蒙古赤峰东部和北京西部雷达回波发展增强形成了南、北两段回波,回波均随天气系统自西北向东南移动并不断发展加强。15:00 北京地区西部的南段回波和内蒙古赤峰地区东部的北段回波合并发展为线状对流系统,16:00(图 5.52b)线状对流系统发展加强形成飑线,随后飑线继续向东南移动影响北京大部分地区。19:00 以后回波逐渐移出北京并减弱,强对流天气过程结束。

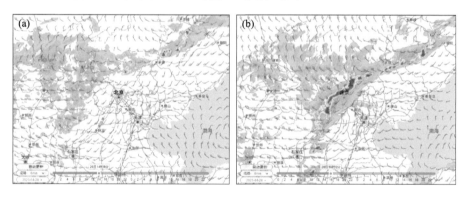

图 5.52　4 月 28 日 14:00(a)和 16:00(b)雷达拼图

过程影响期间,北京地区自西向东普降小到中雨,部分地区大雨,并伴有短时强降水、雷暴大风和冰雹等强对流天气(图 5.53)。其中,密云流河峪过程累计降水量达 57.1 mm,16:00—17:00 最大小时雨量达 44.7 mm;北京地区 3 个站小时极雷暴大风超 10 级(北京门头沟灵山极大风速达 26.1 m/s),61 个站出现 8～9 级雷暴大风;此外,怀柔、昌平、密云、延庆、门头沟、房山、海淀等局地伴有小冰雹,冰雹最大直径在 10 mm 以上。

(2)垂直观测资料应用

①云雷达产品应用

海淀站云雷达回波强度产品(图 5.54)显示,28 日 16:00 回波大值区有明显下沉;径向速度产品显示,28 日 16:00—16:30 在高空有明显垂直对流活动;地面自动气象站监测到 16:30 前后有降水,云雷达地面降水相态产品监测到 16:30 有冰雹发生。怀柔站云雷达回波强度产品显示,28 日 15:30 回波大值区有明显下沉;径向速度产品显示,28 日 15:30—17:00 在高空有垂直对流活动;地面自动站监测到 16:00 前后有降水,云雷达地面降水相态产品监测到

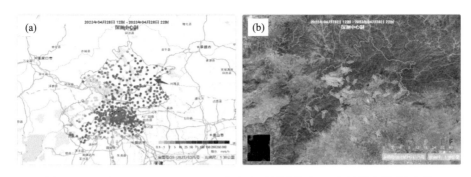

图 5.53　4 月 28 日 12:00—22:00 北京地区累计降水(a)和雷暴大风(b)实况

15:30、16:00 有冰雹发生。怀柔站 16:00 前后反射率和径向速度产品均显示有明显的"V"型缺口,此现象由冰雹产生的回波衰减造成,是冰雹天气的显著特征。从发生降水到出现冰雹,强回波发展加强时间为 30~60 min,冰雹预警时效较短(图 5.54)。

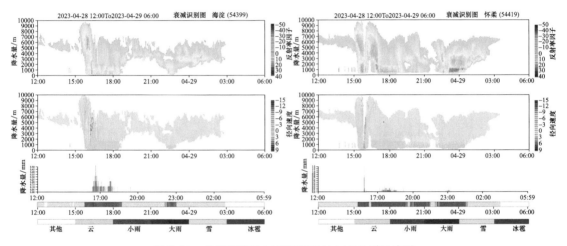

图 5.54　北京海淀站(左)和怀柔站(右)云雷达产品

平谷站云雷达产品(图 5.55)显示,17:30 前后强回波发展至 12 km 高度,径向速度产品显示,从地面到高空均有明显的对流活动。同时两个产品也显示有明显的"V"型缺口,说明对流发展很剧烈,从降水出现到冰雹落地仅有 10~20 min,因此云雷达产品对此次冰雹的预警时效有限。

② T-$\ln p$ 和指数产品应用

从基于垂直观测系统研发的强对流指数产品(图 5.56)可以看出,4 月 28 日 06:00—08:00,晴空时段天气稳定,全总指数和 K 指数保持低值,08:00 T-$\ln p$ 图显示,中高层较干,无不稳定能量,大气层结稳定。08:00—15:00,云系发展云量增多,全总指数和 K 指数开始呈明显增大趋势,从海淀和霞云岭两站的指数变化来看,全总指数分别在 08:00 和 10:00 突破强对流天气发生率较大阈值,15:00 超过强对流天气发生率大阈值,同时 K 指数也增大到强对流天气发生率较大阈值以上,两个指数的变化出现跃增,并在冰雹发生前达到峰值。15:18 的 T-$\ln p$ 图显示整层大气几乎达到饱和,925 hPa 以下出现不稳定能量,并伴随偏南风源源不断的水汽输送,与高空偏西冷空气形成上冷下暖的不稳定层结,有利于强对流天气的发生和发展。

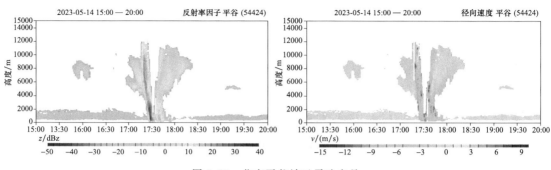

图 5.55　北京平谷站云雷达产品

　　由此可见,加密 $T\text{-}\ln p$ 图可以动态监测不稳定能量的堆积、冷暖空气的交汇以及整层湿度的变化,对冰雹等强对流天气的预警具有较好的指示意义。此次过程中,指数产品在对流发生之前均出现增大的趋势,且临近对流发生前 1 h,指数快速增大至极值,可见指数的增大并接近阈值以及指数的跃变均可预警强对流天气的发生(图 5.57)。

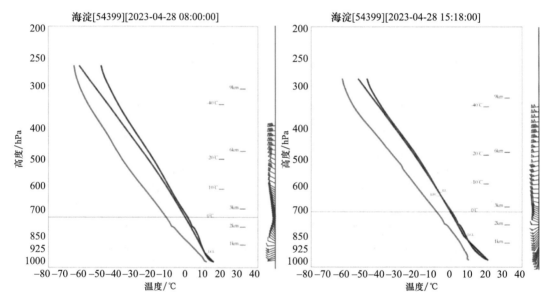

图 5.56　北京海淀站 $T\text{-}\ln p$ 产品

5.3.3　台风

5.3.3.1　2023 年 7 月 27 日—8 月 1 日台风"杜苏芮"及京津冀特大暴雨过程

　　(1)天气背景与实况

　　台风"杜苏芮"7 月 27 日位于中国南海东部海域,在向北移动的过程中影响台湾岛及台湾海峡。28 日上午自福建沿海登陆(图 5.58a),登陆后以北偏西的路径移动,29 日进入江西省,强度减弱为热带风暴(图 5.58b)。受台风登陆影响,陕西、河南、浙江、福建、广东、广西等地出现强降水,福建出现特大暴雨,48 h 最大累计降水量 649.2 mm。

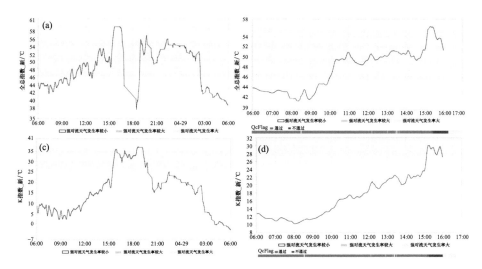

图 5.57　北京海淀站((a):全总指数;(c):K 指数)和霞云岭((b):全总指数;(d):K 指数)
冰雹天气发生前的强对流指数产品

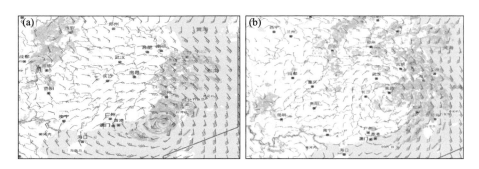

图 5.58　7 月 28 日 00 时(a)和 29 日 00 时(b)700 hPa 实况融合风场＋雷达拼图

　　7 月 29 日,台风"杜苏芮"残余低压系统继续以北偏西的路径移动。30 日 00:00,低压中心位于郑州南部,受低压环流外围气流影响,安徽、江苏、山东等地出现了东南大风,河北、河南北部出现了偏东大风,京津冀东部形成了一条倒槽。倒槽附近有强对流回波出现并发展(图 5.59a)。31 日 00:00,低压中心已经移动到西安附近,京津冀地区受环流外围的东南急流影响,强东南急流与西部燕山、太行山脉形成强烈地形辐合(图 5.59b)。降水实况显示(图 5.59d),北京西南部,河北中部和西南部等累计降雨量 350~600 mm,局地 700~800 mm,最大累计降雨量达 1003 mm(河北邢台临城县);100 mm 以上降雨面积 17 万 km²。河北、北京 14 个国家级气象观测站日降水量突破历史极值,26 个国家级气象观测站 3 日累计降雨量突破历史极值。过程强度超过了华北历史上的 3 次极端暴雨过程。

　　(2)垂直观测资料应用

　　①台风登陆前后垂直观测资料应用

　　(a)云雷达产品应用

　　邵武云雷达显示(图 5.60),台风登陆前后,云系发展剧烈。28 日 09:00 开始,云顶发展到 10 km,云系深厚,15:00—16:00 可见因回波衰减产生的"V"型缺口。10:00 云系接地,近地层

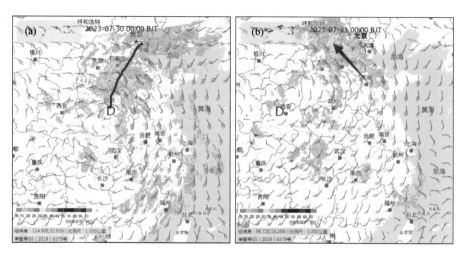

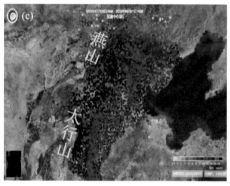

图 5.59　7 月 30 日 00:00(a)和 31 日 00:00(b)700 hPa 实况融合风场+雷达拼图,
7 月 29 日 06:00—8 月 1 日 06:00 京津冀地区(d)累计降水

回波强度超过 35 dBz,降水效果显著。

(b)风廓线产品应用

水平风羽图(图 5.61)显示,27 日 14:00 之前,福州站受台风外围影响,地面至 6 km 高度为一致的东风,最大风速出现在 2～3 km 层,极大风速 20 m/s,形成了东风急流,且变化较小,为福州地区持续输送水汽。27 日 14:00—28 日 10:00,台风逐渐逼近,地面至 1.5 km 由偏东风转为东北风。28 日 10:00 台风登陆,1.5 km 以下风向由东北急转为东南,且整层风速大幅度增大,极大风速达到 33 m/s,水汽充沛,有利于降水发展,20:00 起地面风速逐渐减弱。

从温度平流图(图 5.62)可以看出,台风登陆带来了大量的暖湿气流,产生明显暖平流,有利于强降水的产生。

(c)T-$\ln p$ 产品和指数产品应用

从基于垂直观测系统研发的强对流指数产品可以看出(图 5.63),28 日上午台风登陆前,K 指逐渐增大,09:00 开始一直处于强天气发生阈值以上,大气处于高温高湿不稳定状态。06:00 垂直观测反演 T-$\ln p$ 图显示,地面至 700 hPa 接近饱和,水汽充沛,偏东风较强。

②京津冀地区特大暴雨垂直观测资料应用

(a)云雷达产品应用

由北京延庆站云雷达图(图 5.64a)可见,7 月 30 日前,云系发展旺盛,云顶超过 12 km,云

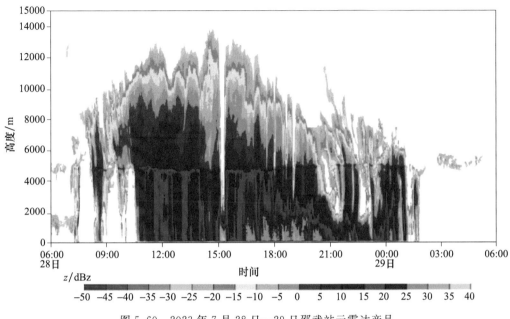

图 5.60　2023 年 7 月 28 日—29 日邵武站云雷达产品

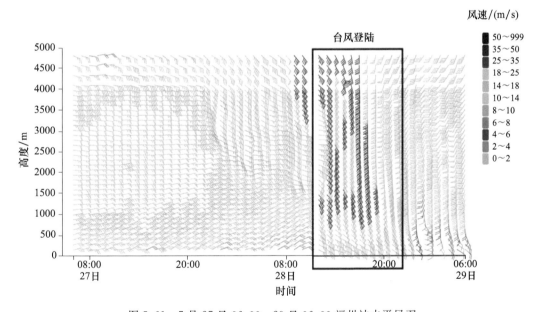

图 5.61　7 月 27 日 06:00—29 日 06:00 福州站水平风羽

底高度约 5 km。30 日云系接地并产生降水。随后地面站观测到持续性降水,小时降水量普遍在 10 mm 以下(图 5.64b)。受降雨衰减影响,云高略降低,并出现"V"型缺口。31 日凌晨和夜间两个时段回波略有减弱,地面降水转为零星小雨。8 月 1 日 14:00 后云体迅速消散,降水过程结束。

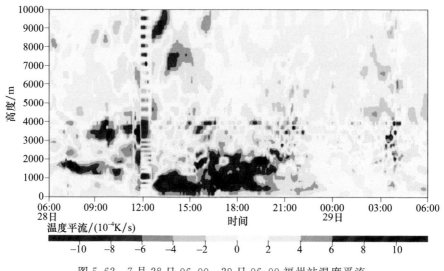

图 5.62　7 月 28 日 06:00—29 日 06:00 福州站温度平流

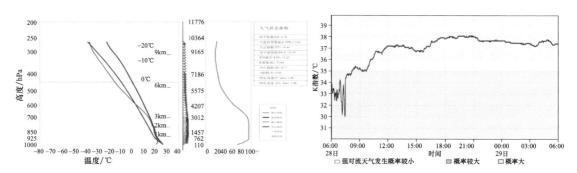

图 5.63　福州站 28 日 06:00 T-ln$p$ 图和 28 日 06:00—29 日 06:00K 指数产品

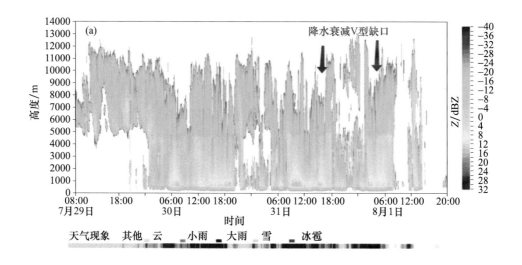

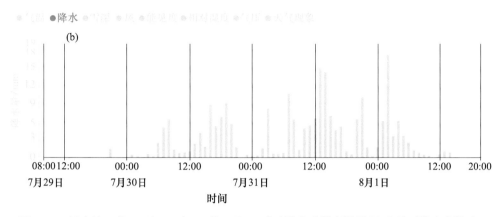

●气温 ●降水 ●干湿 ●风 ●能见度 ●相对湿度 ●气压 ●大气现象

08:00 12:00　　00:00　　12:00　　00:00　　12:00　　00:00　　12:00　20:00

7月29日　　　　7月30日　　　　　7月31日　　　　　8月1日

时间

图 5.64　延庆站 7 月 29 日 08 时—8 月 1 日 20 时云雷达反射率因子(a)和地面降水实况(b)

(b)涡度散度产品应用

京津冀地区散度产品显示,低层(850 hPa)河北南部为辐合中心,配合高层 200 hPa 京津冀地区中部和南部明显辐散,形成有利于降水的垂直环流配置。同时涡度产品显示,中、低层上述地区存在明显正涡度柱,也有利于降水的产生(图 5.65)。实况显示,7 月 30 日夜间到 31日白天,上述地区普遍降暴雨到大暴雨。

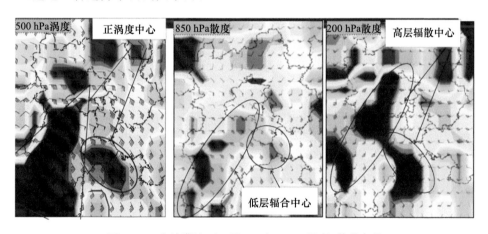

500 hPa 涡度　正涡度中心　850 hPa 散度　200 hPa 散度　高层辐散中心

低层辐合中心

图 5.65　京津冀地区 7 月 30 日 16:00 涡度、散度产品

(c)风廓线雷达产品应用

天津气象科技园站水平风羽图(图 5.66a)显示,7 月 30 日上午,天津上空存在偏东风急流,00:00—08:00,急流下边界迅速降低,19:00—22:00,近地层风速超过 20 m/s,垂直速度产品显示,该时段上升运动明显(图 5.66c)。地面实况显示,30 日白天有阵性降水。31 日08:00—09:00,近地面出现风速脉动,地面观测站于 09:00 观测到 11 mm 以上的对流性降水(图 5.66b)。

北京南郊站微波辐射计产品(图 5.67)显示,从 7 月 29 日 01:00 开始水汽含量持续增长,低层湿区厚度逐渐增大。15:00 高、低层湿区打通,T-$\ln p$ 图显示整层接近饱和,表明水汽充足。K 指数始终在阈值(25 ℃)以上,且持续增长,16:00 达到最大,接近 50 ℃。CAPE 值持续增大,16:00 达到 4000 J/kg 左右,大气处于高温高湿的不稳定状态,并伴有一定的垂直上升运

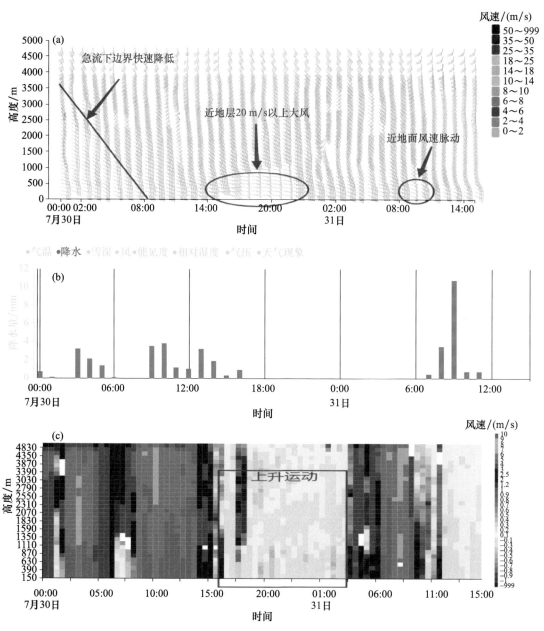

图 5.66　天津气象科技园站 7 月 30 日 00：00—31 日 15：00 水平风羽(a)、地面实况(b)、垂直速度(c)

动,有利于强降水的发生。

5.3.3.2　2023 年 8 月 10—13 日台风"卡努"和东北、华北暴雨过程

(1)天气背景与实况

台风"卡努"于 8 月 10 日上午在韩国南部沿海登陆,登陆后强度明显减弱,并沿朝鲜半岛西侧北上,在 11 日夜间移入辽宁省境内,强度减弱为热带低压。受台风"卡努"残余云系和西风槽共同影响,11—13 日辽宁中东部和西南部、吉林中东部、黑龙江中东部普降暴雨,局地大暴雨。京津冀地区普遍出现中到大雨,局地暴雨到大暴雨。北京地区降雨出现在 11—12 日,

以中雨为主,延庆、密云、怀柔、昌平部分地区降大雨,8 月 11 日 08:00 的 500 hPa 环流场见图 5.68所示。

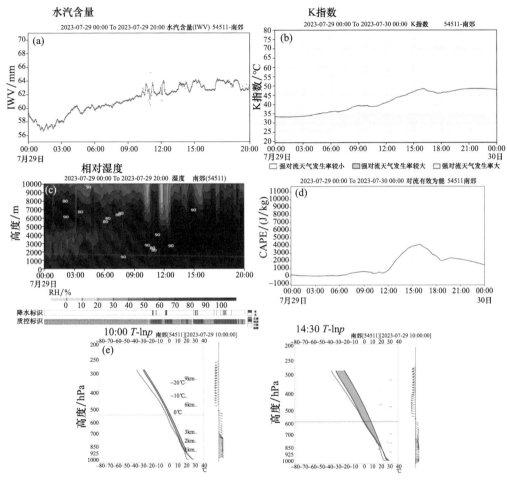

图 5.67　北京南郊站 7 月 29 日 00:00—20:00 微波辐射计产品(a、b、c、d)和
10:00(e) T-$\ln p$、14:30(f)的 T-$\ln p$ 产品

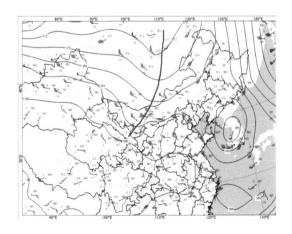

图 5.68　8 月 11 日 08:00 500 hPa 环流场

（2）垂直观测资料应用

①沈阳站垂直观测资料应用

沈阳站云雷达产品（图5.69b）显示，12日05:00—06:00云层接地，地面出现微量降水。11:00后再次接地，地面开始出现明显降水，持续到13日16:00结束。13日17:00，高空云系逐渐消散。风廓线风羽图（图5.69c）显示，11:00开始高空西南风增强，05:00前后由西南风转为西北风，表明有低槽过境，该时段地面出现明显降水。13日17:00，3 km以上出现东北风或偏北风，降水结束。

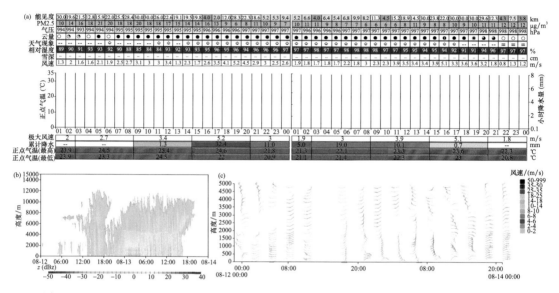

图5.69　8月12日00:00—14日00:00沈阳站地面实况（a）、云雷达产品（b）和水平风羽图（c）

②北京多站云雷达产品应用

北京多站云雷达反射率因子产品（图5.70）显示，11日11:00至12日05:00各站相继发生降水，降水过程由西向东发展，云雷达强回波主要位于4 km以下，云层较厚，云高超过10 km。截至06:00各站回波均已离地，降水过程结束。

5.3.4　雾、霾、沙尘

5.3.4.1　2022年11月16—21日北京雾、霾天气

（1）天气背景与实况

2022年11月16—22日，受高压脊影响，华北和江淮地区出现了一次大范围雾、霾天气过程。从全国PM$_{2.5}$的监测数据可以看出，16—17日，华北南部及黄淮地区气溶胶浓度持续上升，以轻度霾天气为主。18—19日达到峰值，北京南部、华北南部出现中度霾天气，PM$_{2.5}$浓度高值区分布在北京南部和河北南部。19—21日，华北及黄淮地区南部气溶胶浓度逐步降低。19日08:00，华北南部部分地区维持中度霾天气，20—21日，华北南部及黄淮流域以轻度霾天气为主，部分地区为中度霾天气（图5.71）。

过程影响期间，北京地区呈南高北低态势。北京北部上甸子大气本底站的浓度明显较低（<100 $\mu g/m^3$），但仍呈污染物逐步累积的特征，体现了天气环流形势大背景的影响。北京

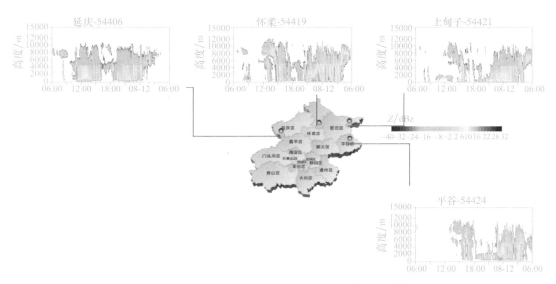

图 5.70　11 日 06:00—12 日 06:00 北京多站云雷达产品

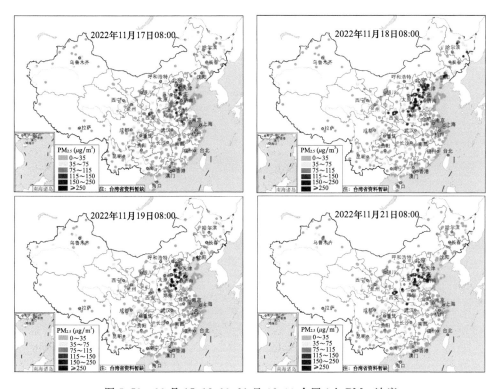

图 5.71　11 月 17、18、19、21 日 08:00 全国 1 h PM$_{2.5}$浓度

南部南郊站 PM$_{2.5}$浓度在 16 日迅速升高，19 日降低，20 日有所回升，21 日再次下降。最大 PM$_{2.5}$浓度出现在 18 日和 20 日，为 300 $\mu g/m^3$。整个过程中，PM$_{2.5}$、PM$_{10}$浓度变化趋势基本一致，PM$_{2.5}$/PM$_{10}$多在 0.6 以上，体现出以细粒子污染为主的特征。同时可以看出，PM$_{2.5}$浓度呈现出明显的日变化，白天浓度降低，夜间明显升高，反映了温度对 PM$_{2.5}$浓度的

影响(图 5.72)。

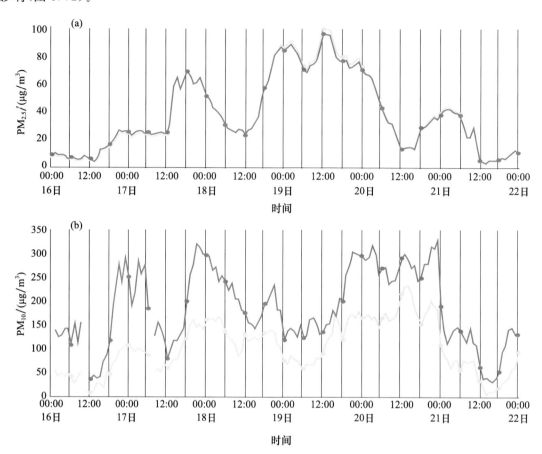

图 5.72　11 月 16—21 日北京上甸子和南郊站 $PM_{2.5}$(a)和 PM_{10}(b)实况

(2)垂直观测资料应用

①气溶胶激光雷达产品应用

从北京平谷站 11 月 17 日 12:00—21 日 12:00 的消光系数产品(图 5.73)可以看出,从 18 日 15:00 起,1.5 km 高度出现高浓度气溶胶,而后迅速向低层扩展,消光系数超过 1 km^{-1},之后气溶胶层维持在 1 km 以下,垂直扩散条件较差,至 21 日 07:00 情况好转。从平谷站对应的 11 月 17 日 12:00—21 日 12:00 退偏振比产品可以看出,近地面退偏振比较为均匀,且在 0.1 以下,表明此次雾、霾天气中,北京平谷地区的污染物以城市细颗粒为主。从北京南郊观象站 11 月 16 日 12:00—21 日 12:00 的消光系数产品看出,从 16 日 15:00 起,近地面消光系数增大,在 17 日 15:00 达到最大值 1 km^{-1}。18 日 15:00,气溶胶层高度达到最高(1.4 km 左右),随后发生沉降过程,消光系数始终保持在 1 km^{-1} 以上,直至 21 日 07:00 气溶胶发生扩散过程,近地面消光系数降低至 0.2 km^{-1}。结合南郊站和平谷站的消光系数可以看出,南郊高浓度气溶胶出现时间早于平谷。

②融合产品应用

从北京海淀站基于垂直观测系统研发的融合产品(图 5.74)可以看出,18—19 日,气溶胶消光系数开始增大,白天边界层高度降低至 700～800 m,大气垂直速度以下沉为主,有利于气

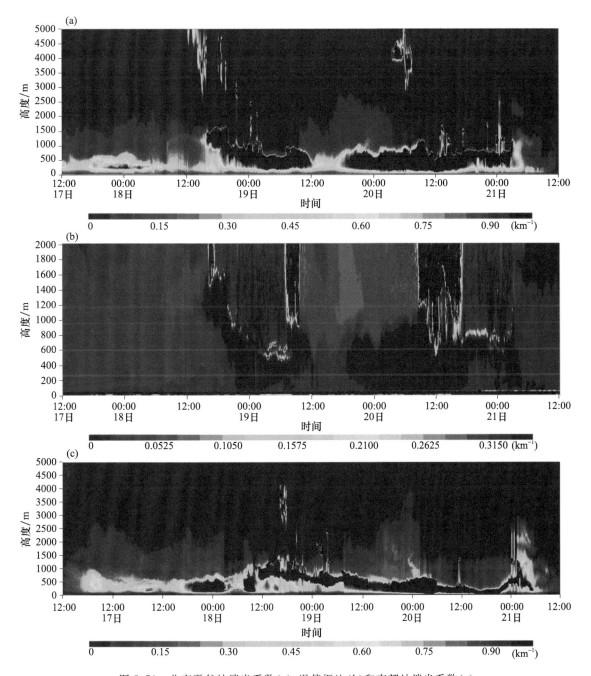

图 5.73　北京平谷站消光系数(a)、退偏振比(b)和南郊站消光系数(c)

溶胶的累积。20 日,气溶胶层厚度降至 1 km,气溶胶消光系数有所增大。白天边界层高度在 500 m 以下,近地面相对湿度较高,大气垂直速度以下沉为主,有利于气溶胶的堆积及吸湿增长。21 日,气溶胶层厚度上升至 2.6 km,气溶胶消光系数显著降低;白天边界层高度抬升至 1.5 km,垂直速度既有上升又有下沉,存在对流,有利于气溶胶的扩散。

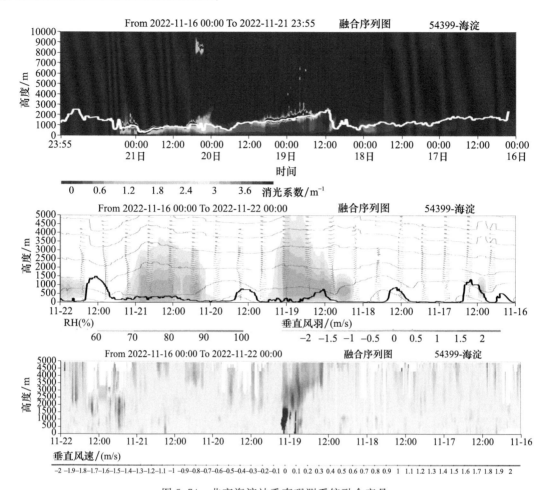

图 5.74　北京海淀站垂直观测系统融合产品

③风廓线雷达产品应用

北京南郊站风廓线雷达 1 h 平均风羽图(图 5.75)上显示,11 月 18 日近地面为东南风,风速较大,1000 m 以上为西南风,水平风向无明显的变化,利于污染物向北扩散。19 日白天,1500 m 以下出现静稳天气,利于污染物聚集,下午逐渐转为偏南风。20 日夜间开始,高层转为西北风,风速逐渐增大,且逐渐下传;21 日凌晨,北京低层开始受到偏北风影响,风速逐渐增大,利于污染物的消散。

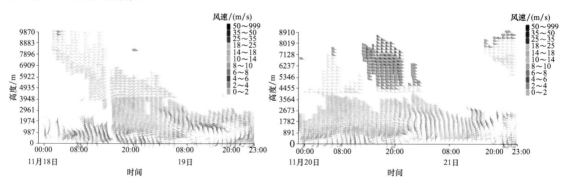

图 5.75　北京南郊站风廓线雷达风羽产品

5.3.4.2　2023 年 3 月 19—23 日北方沙尘天气

（1）天气背景与实况

2023 年 3 月 19—23 日,受蒙古气旋和地面冷锋共同影响,中国北方出现了一次大范围强沙尘天气(图 5.76)。19 日中午,沙尘开始在新疆南部形成,20 日影响甘肃,20 日 14:00 甘肃境内出现 8 级以上大风区和 PM_{10} 高值区,视程障碍产品判识有沙尘现象,20 日 20:00 甘肃武威 PM_{10} 质量浓度达 5521 $\mu g/m^3$(图 5.77)。21 日凌晨沙尘天气影响宁夏北部和内蒙古西南部地区。21 日上午,起源于蒙古国中部的沙尘到达内蒙古中部,再一次影响甘肃和宁夏的北部。21 日夜间,随着大风区东移,来自蒙古国的气流在内蒙古东部被加强,影响区域逐渐扩展到内蒙古中东部、陕西、山西、北京、河北南部和东北地区;22 日沙尘天气开始影响河南、山东等地;23 日沙尘天气逐渐减弱,影响趋于结束。沙尘天气过程中,新疆、甘肃、北京等多个地区 PM_{10} 质量浓度超过 2000 $\mu g/m^3$。

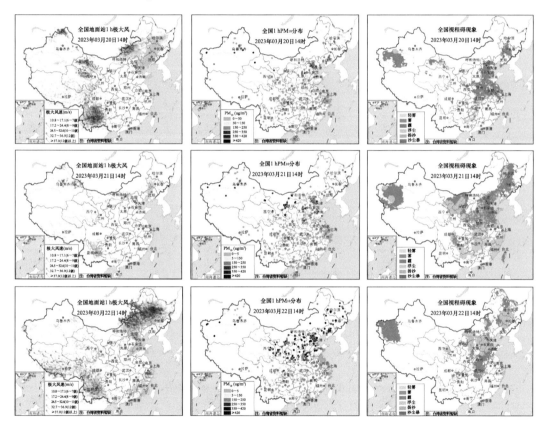

图 5.76　2023 年 3 月 19—23 日沙尘天气过程中全国地面站 1 h 极大风、PM_{10} 浓度(站点)、全国视程障碍产品

（2）垂直观测资料应用

①激光雷达产品应用

从北京南郊站激光雷达 3 月 19—23 日的反演产品(图 5.78)可以看出,3 月 19 日 06:00—21 日 22:00,激光雷达监测到近地面 1.5 km 以下消光系数从 0.3 km^{-1} 升至 1.8 km^{-1},退偏振比在 0.03 以内,表明这一时段监测到的是以城市气溶胶为主的雾、霾过程。3 月 21 日 22:00 前后,激光雷达监测到在 1~6 km 高度范围内,消光系数大于 2.6 km^{-1},退偏振比高于 0.36,表

明在 1～6 km 高度上有沙尘经过。3 月 22 日 02：00 激光雷达在近地层监测到沙尘天气。

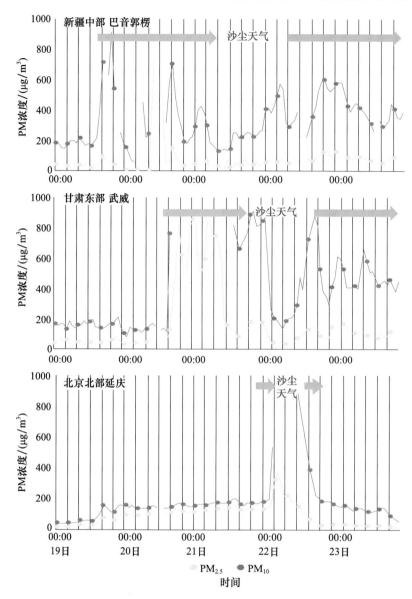

图 5.77　2023 年 3 月 19—23 日沙尘天气过程中新疆中部、甘肃东北部、
北京北部地区 PM_{10}、$PM_{2.5}$ 浓度的演变

②风廓线雷达产品应用

风廓线雷达监测产品(图 5.79、图 5.80)显示,22 日 00：00 起 1.5 km 以下风向由偏南转为偏北,近地层风速在 4 m/s 以下,不利于低层雾、霾的扩散。03：00 2.5 km 以下为偏北风,风速激增至 15 m/s 以上,有利于北方的沙尘向南输送。垂直运动方面,00：00—08：00,3 km以下大气以上升运动为主,06：00—08：00 在 1.5 km 处,上升运动达到最强,有利于沙尘在垂直方向的湍流输送,此时沙尘浓度达到最大。08：00 后 3 km 以下以下沉运动为主,有利于沙尘沉降。3 月 23 日,沙尘影响高度从近地面 1 km 扩散至 2.5 km,但消光系数降低到

$0.3\ \mathrm{km^{-1}}$ 以下,退偏振比降低至 0.26 以下,表明沙尘过程进入减弱消散阶段。

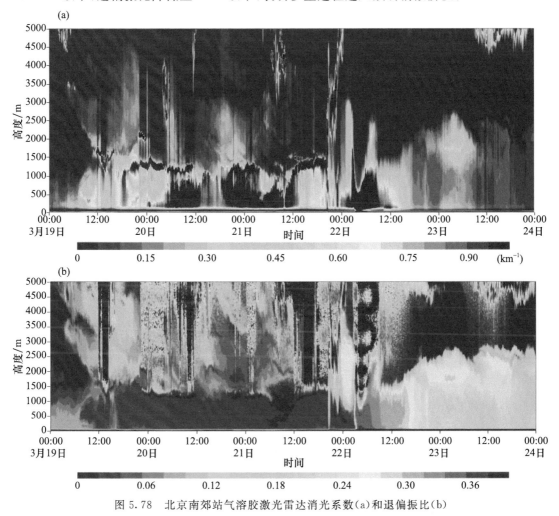

图 5.78　北京南郊站气溶胶激光雷达消光系数(a)和退偏振比(b)

图 5.79　3 月 21 日 23:00—23 日 00:00 北京南郊风廓线雷达水平风羽图

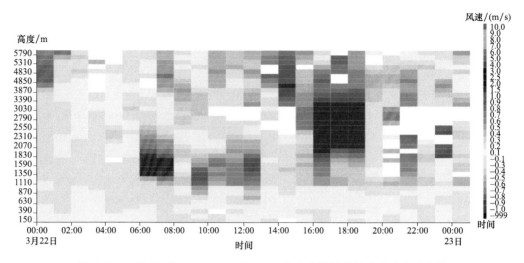

图 5.80　3 月 22 日 00：00—23 日 00：00 北京南郊风廓线雷达垂直速度图

5.3.5　重大活动保障

5.3.5.1　2023 年 7 月 26—28 日成都第 31 届世界大学生夏季运动会开幕式保障

（1）天气背景与实况

成都第 31 届世界大学生夏季运动会开幕式于 2023 年 7 月 28 日 20：00 举行。在开幕式之前，受低涡和地形影响，26 日 08：00—28 日 08：00 成都市区出现了零星降水（图 5.81a）。随后天气转晴。单站降水实况显示，位于成都西北部的温江站主要降水时段集中在 27 日上午，降水量分布不均，以阵性降水为主（图 5.81b）。位于成都东南部的龙泉驿站主要降水时段为 26 日中午和 27 日全天，降水量普遍较小，以零星小雨为主（图 5.81c）。27 日 00：00 850 hPa 风场显示，低涡中心位于自贡市西部，成都市受低涡北部偏东风影响，与西侧横断山脉形成地形辐合，有利于降水产生（图 5.82a）。500 hPa 风场显示，德阳—成都—眉山一带有一倒槽。雷达拼图显示，倒槽附近有对流云系生成（图 5.82b）。

（2）垂直观测资料应用

①云雷达产品应用

26 日 16：00—27 日 06：00，云雷达产品显示有降水回波，回波中心高 10 km，回波强度达 30 dBz，此时出现明显阵雨。27 日 15：00—16：00 云雷达产品再次显示有降水回波生成，回波中心高度 4 km，回波强度逐渐减弱，此时出现微量降雨。移动站观测显示，27 日 03：00—06：00 回波中心高度 10 km，回波强度达 30 dBz，随后回波逐渐减弱，主要以低云为主，27 日 12：00—16：00 有雷达回波接地，强度为 10～20 dBz，因此仅出现微量降水（图 5.83）。

② T-$\ln p$ 产品、风廓线产品和湿度廓线产品应用

27 日 16：00 温江站和移动站 T-$\ln p$ 图（图 5.84）显示，地面到 850～700 hPa 为湿层，对应近地面到 3 km 微波辐射计相对湿度大于 90%。温江站和移动站相对湿度 4 km 以超过 90%。高温、高湿环境有利于出现降水。风廓线产品显示，27 日 15：00—16：00 高空 4 km 以上东北风转偏北风，中层有干冷空气影响，表明站点将逐渐转为槽后西北气流控制，不利于降水的维持。

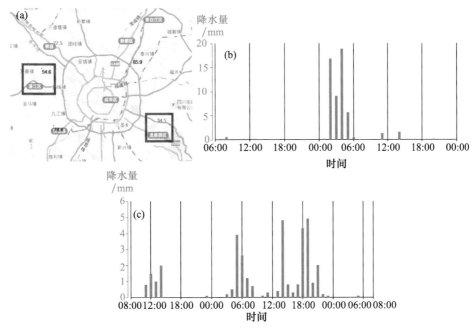

图 5.81　7 月 26 日 08:00—28 日 08:00 成都市区累计降水实况(a),7 月 26 日 06:00—28 日 00:00 温江站(b)
和 7 月 26 日 08:00—28 日 08:00 龙泉驿站(c)地面降水实况

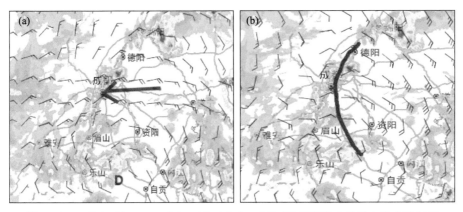

图 5.82　7 月 27 日 00:00 时 850 hPa(a)、500 hPa(b)实况融合风场＋组合反射率

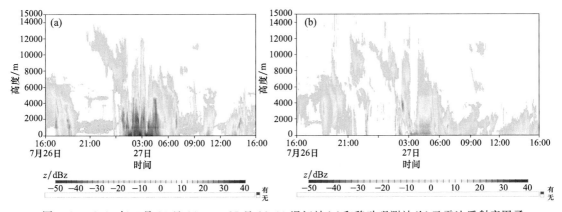

图 5.83　2023 年 7 月 26 日 16:00—27 日 16:00 温江站(a)和移动观测站(b)云雷达反射率因子

28 日 08:00 业务探空 T-ln$p$ 图显示,1.5 km 以下湿度大于 80%,高空相对较干。同时微波辐射计显示整层湿度逐渐下降,3～5 km 湿度已下降到 70%～80%,云系逐渐消散,06:00 以后天气以晴为主。虽然垂直探测资料偶有精度问题,T-ln$p$ 产品与实况探空资料有一定差距,但是在降水天气发生时,T-ln$p$ 产品也能体现边界层水汽和湿度条件不断转好的过程,由于水汽是发生降水的关键条件,因此对降水天气的出现有较好的指示意义。

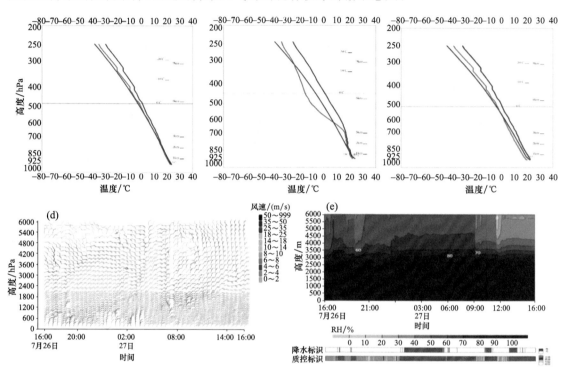

图 5.84　成都移动观测站(a)、温江(b)7 月 27 日 16:00、成都移动观测站(c)7 月 28 日 08:00 T-ln$p$ 产品和温江风廓线(d)、相对湿度(e)

③指数产品应用

从基于垂直观测系统研发的强对流指数产品可以看出,7 月 26 日 15:00—27 日 05:00,以阵雨天气为主,K 指数先升高后下降,峰值出现在 27 日 03:00—09:00。27 日 14:00—16:00,K 指数开始呈明显增大趋势,此时段阵雨相对明显。27 日 15:00—16:00 高空 4 km 以上东北风转偏北风,中层有干冷空气影响,表明站点将逐渐转为槽后西北气流控制,不利于降水的维持。该时段 K 指数呈下降趋势,大气能量逐渐减弱,不利于降水持续和发展,但是低层水汽条件充沛,利于出现局地短时对流性、弱阵性降水。27 日 23:00—28 日 08:00,K 指数持续降低至25 ℃,降水结束,天气转晴(图 5.85)。

5.3.5.2　2023 年 9 月 20 日—10 月 08 日杭州第 19 届亚运会保障

(1)天气背景与实况

杭州第 19 届亚运会开幕式于 2023 年 9 月 23 日 20:00 举行。20—23 日副热带高压控制华南大部分地区且稳定少动,较气候平均偏强。21—22 日南方地区环境场变干冷,不利于降水大范围发展,由于低层切变线的影响,对流雨带位于副高边缘。雷达组合反射率叠加1.5 km雷达三维风场反演产品显示,06:30 杭州周边无强回波,1.5 km 风速 8 m/s 左右,风向

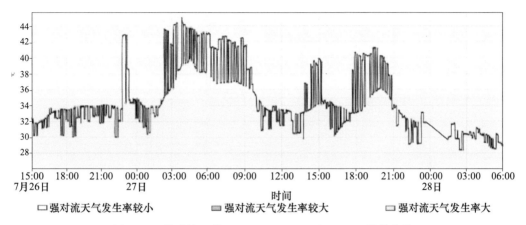

图 5.85　移动站 7 月 26 日 15：00—28 日 06：00K 指数产品

为偏西(图 5.86a)。20 日 00：00—06：00 杭州亚运特别工作状态区域无强对流报警信息,西北侧有降水回波发展,最大回波强度超过 60 dBz,回波向东移动,稍有南压,可能影响杭州地区。20 日 07：00(图 5.86b),主场馆西北方向 130.2 km 处出现飑线过程。该过程自西北向东南移动,回波强度最大可达 55 dBz,强回波顶高达 11 km,并伴随雷电、大风和短时强降水。9 月 23 日 00：00—08：00,暖切变线位置逐渐北抬,暖切变线南部受反气旋控制,浙江省北部位于反气旋北部,暖切变线南部,可能出现阵性降水,浙江省中南部逐渐转为弱辐散区,不利于降水的发生。

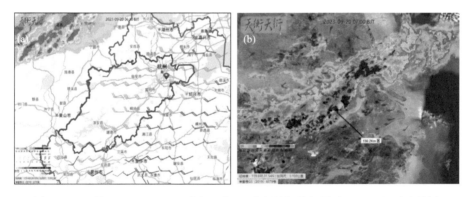

图 5.86　9 月 20 日 06：30(a)雷达回波、地形和风场叠加图及 07：00(b)雷达拼图

9 月 20—23 日中午,杭州受分散对流系统影响,出现了阵雨天气。杭州站地面实况显示,降水量较小,小时雨量普遍在 0～2 mm(图 5.87)。23 日午后,天气逐渐好转。

(2)垂直观测资料应用

①涡度、散度产品应用

700 hPa 散度场和风场显示:23 日 08：00—11：00,暖切变线位置持续北抬,暖切变线南部转受反气旋控制。浙江省北部位于切变线南侧偏南风弱辐合区内,杭州地区可能出现弱阵性降水。850 hPa 涡度场和风场显示,23 日 11：00,正涡度区位于切变线附近,主要影响浙江省北部。杭州地区位于弱正涡度区,涡度值为$(3\sim4)\times10^{-5}\,\mathrm{s}^{-1}$,有利于水汽辐合,可能会出现弱阵性降水(图 5.88)。

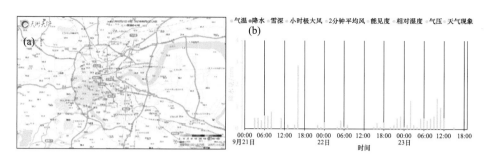

图 5.87　9 月 21 日 00:00—23 日 20:00 杭州市累计降水量(a)和杭州站地面降水实况(b)

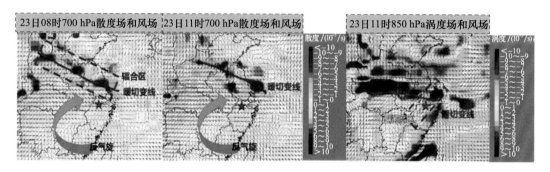

图 5.88　萧山站散度和涡度产品

②云雷达产品和微波辐射计、风廓线产品应用

浙江省 20 日 06:00—12:00 以高层云为主,高度在 10 km 以上。12:00—14:00,浙江东北部有降水云系发展,主要以低云为主,强度为 10～20 dBz,富阳、杭州、临安等地出现了微量降水。浙江临安站云雷达产品显示,20 日 08:00—12:00 高层云系发展,云顶高度在 10 km 以上,12:30 中低云发展并出现短时弱降水,13:00 后降水停止。临安站风廓线风羽图显示,20 日 12:00 前,1 km 以下风速较小,1 km 以上为西风。12:00 开始,西风迅速增强,1.8 km 出现西南—北风切变,为降水提供了动力条件。从临安站相对湿度廓线可以看出,20 日 12:00 后,地面至 4 km 大气相对湿度逐渐增大,12:30 后 2 km 处出现 80%高湿区,开始出现降水(图 5.89)。

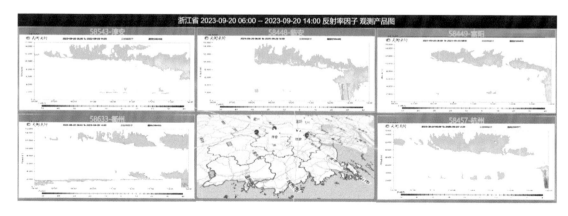

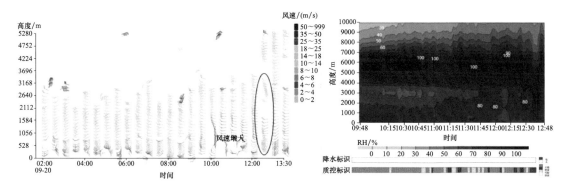

图 5.89　浙江组网云雷达观测产品和微波辐射计、风廓线产品

5.3.6　突发灾害天气服务

5.3.6.1　重庆"7·3"暴雨滑坡灾害天气

(1)天气背景与实况

气象观测实时业务系统(天衡、天衍)实况分析产品(图 5.90)显示,7 月 3 日 08:00 500 hPa 存在高空冷槽,副热带高压位于江南华南、西南地区东部;4 日 08:00 高空冷槽东移南下过程中发展成冷涡,副高减弱南撤,850 hPa 西南地区东部存在低涡切变线。

3 日 08:00—4 日 20:00 高空冷槽后部不断引导冷空气南下,副高西缘不断引导暖湿气流北上,冷、暖气流在西南至长江中下游不断交汇,南方地区稳定维持东西走向的大范围对流云带,出现分散性暴雨和大暴雨,重庆万州区位于低涡切变中心一带,出现强降雨天气。

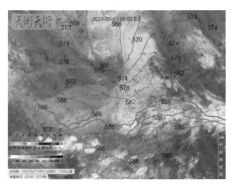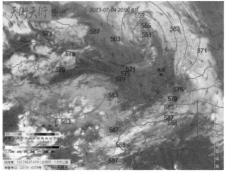

图 5.90　7 月 3 日 08:00,4 日 08:00 及 20:00 500 hPa 等高线,850 hPa 风场叠加雷达回波(左)
与 FY-4 卫星云图(右)

(2)垂直观测资料应用

散度产品显示(图 5.91),4 日 04:00 万州低层为辐合中心,高层有明显辐散,可通过抽吸作用形成强烈的上升气流;涡度产品显示,500 hPa 及以下为一致的正涡度,在对流层内形成整层的正涡度柱。涡度、散度场的配置有利于强降水的产生。

风廓线产品(图 5.92)显示,4 日 02:00 以前,沙坪坝站在近地层主要受低涡和切变线影响,低涡中心位于本站东南部,1 km 以下水平风羽图上显示为切变线后部的偏北风,实况显示

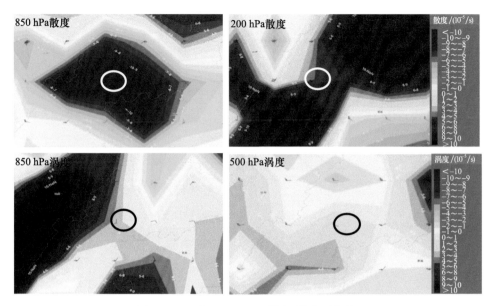

图 5.91　7 月 4 日 04:00 涡度、散度面产品

地面有降水产生;中层切变线位置较低层要偏西、偏北,1 km 以上水平风羽图上显示有切变线前部的偏西南风。4 日 02:00 之后,低涡中心向东北方向移动,逐渐影响此次主要受灾地区。而沙坪坝站位于灾区上游,1 km 以下转为低涡西南部的偏西风,1～4 km 可见明显偏北冷空气入侵,且北风风速较大。随着中低层冷空气快速南下,沙坪坝降水过程结束。

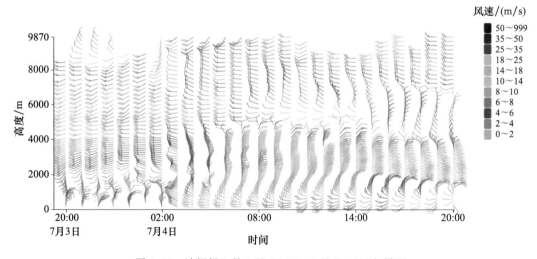

图 5.92　沙坪坝 7 月 3 日 20:00—4 日 20:001 h 风羽

　　万州站逐时降水实况(图 5.93a)表明,降水主要集中在 4 日 03:00—08:00。降水发生前,3 日 20:00 重庆温度-对数压力图(图 5.93b)表明,500 hPa 以下以西南风为主,不断输送暖湿气流,高层为西北风,引导冷空气与低层暖湿空气交汇,产生对流不稳定;同时,LCL 较低,接近地面,0 ℃层高度较高,为 6204 m,暖云层深厚;且结合相对湿度表明,湿层较厚,有利于暖云降水效率的提高。另外,一定的不稳定能量使得中小尺度系统不断组织发展,从而形成持续

较长的强降水。

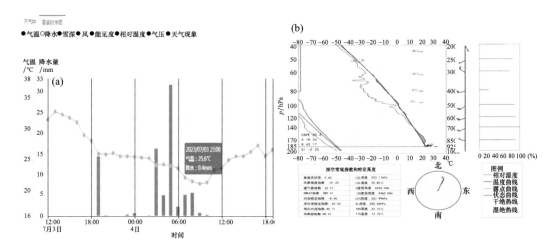

图 5.93　万州站 7 月 3 日 12:00—4 日 20:00 逐时降水量(a)和重庆站 7 月 3 日 20:00 温度-对数压力图(b)

第6章 存在问题和展望

随着地基遥测观测新业务的建立,全国大量建设了垂直观测系统,如云雷达、微波辐射计、风廓线、激光雷达等,这些设备的综合质量控制、气象参数的提取等是业务应用中亟需解决的问题。

①垂直观测数据质量和协同技术水平尚待提升。温、湿度廓线探测方面,地基微波辐射计受云和降水影响,湿度反演精度不高。另外,设备受环境变化、设备性能等影响,存在亮温漂移问题。水凝物廓线探测方面,毫米波测云仪灵敏度不足,对低云和卷云探测能力弱;毫米波云雷达在50%以上的观测时间会受到噪声回波干扰,极大地限制了云与相关信息探测准确度。风廓线探测方面,受降水、地物等因素干扰,风场产品存在偏差;降水条件下,存在有效风场资料数据缺失问题(缺失率25.4%)。

②大气垂直观测数据不确定度误差溯源问题。目前对垂直数据自身的不确定度研究不足,急需建立不确定度及误差分析的参考标准、技术方法等溯源体系,开展不同地形、不同天气等条件下垂直观测要素的定量化评估,研发高质量垂直大气柱数据。

③垂直观测产品应用能力不足,组网、融合产品种类不全。当前垂直产品以地基遥感单设备为主,多设备间的融合以及与卫星、飞机等多源产品的融合程度不高;精细化的垂直观测产品在强对流短临预警中如何应用研究不够;分钟级温、湿、压、风等气象要素的垂直观测资料对数值模式的贡献尚未评估。

综合以上介绍,地基遥感垂直观测在改进中小尺度预报业务方面具有很大潜力,是未来大气探测业务发展的重要领域之一,随着全国地基遥感垂直观测新业务的建立,目前面临一些技术难点和问题需要综合考虑和解决。

①面向垂直观测数据质量和协同技术水平的问题,需要针对观测需求和目标综合考虑垂直观测系统的仪器配置,以达到最优的观测效益;需要攻克系列核心垂直观测技术和质量控制方法,发展微波辐射计和拉曼激光温、湿雷达的融合,星地温、湿度廓线、云高产品的融合等技术,通过多设备协同融合,提升不同天气条件下大气温度、湿度和风垂直观测精度,构建网间观测设备联合反演及质控算法,从而提升单站和网间垂直探测数据质量。

②面向大气垂直观测数据不确定度误差溯源问题,需要加强温、湿、风垂直观测数据误差溯源关键技术研究,阐述同址多设备协同观测的适用性。针对不同地形条件(山地、平原等),评估不同天气条件(晴空、有云、降水等)下地基垂直观测系统对温度、湿度、风速、风向和云等大气要素的探测适用性;利用再分析数据、探空数据等评估大气垂直廓线的空间代表性,提升垂直大气柱数据质量。

③面向垂直新资料的应用,基于人工智能、大数据等技术,形成强对流天气短临潜势预报和强对流天气自动预警等系列垂直观测和服务产品,提升灾害天气系统发展过程前兆信号识别和短临预警能力,提升数值模式同化支撑能力,为中小尺度强天气短临预报提供技术支撑。

参考文献

敖雪，王振会，徐桂荣，等，2011. 地基微波辐射计资料在降水分析中的应用[J]. 暴雨灾害，30(4):8.

白婷，丁建芳，刘艳华，等，2021. 微波辐射计在监测水汽特征及降水分析中的应用[J]. 气象与环境科学，44 (6):102-107.

郭丽君，郭学良，2016. 北京 2009—2013 年期间持续性大雾的类型、垂直结构及物理成因[J]. 大气科学，40 (2):296-310.

胡树贞，陶法，王志成，等，2022. 基于 L 波段探空的云区边界识别改进算法[J]. 沙漠与绿洲气象，16(1): 56-61.

胡树贞，陶法，张雪芬，等，2022. 基于毫米波云雷达的寒潮过程回波特征分析[J]. 气象水文海洋仪器(1): 8-11.

胡树贞，王志成，张雪芬，等，2022. 毫米波雷达海雾回波特征分析及能见度反演[J]. 气象，48(10):1270-1280.

黄煌，李琼，唐林，等，2022. 长沙冬季降水过程的微波辐射计反演参量特征分析[J]. 气象研究与应用，43(1): 14-19.

黄建平，何敏，阎虹如，等，2010. 利用地基微波辐射计反演兰州地区液态云水路径和可降水量的初步研究 [J]. 大气科学，34(3):548-558.

黄俊，廖碧婷，沈子琦，等，2022. 基于微波辐射计和气溶胶激光雷达的边界层高度研究及应用[J]. 热带气象 学报，38(2):180-192.

黄书荣，吴蕾，马舒庆，等，2017. 结合毫米波雷达提取降水条件下风廓线雷达大气垂直速度的研究[J]. 气象 学报，75(5):823-834.

黄晓莹，毛伟康，万齐林，等，2013. 微波辐射计在强降水天气预报中的应用[J]. 广东气象，35 (3):50-53.

黄治勇，徐桂荣，王晓芳，等，2014. 基于地基微波辐射计资料对咸宁两次冰雹天气的观测分析[J]. 气象，40 (2):216-222.

蒋雨芹，文军，吕少宁，等，2021. 地基微波遥感评估黄河源区草原下垫面土壤冻融过程研究[J]. 冰川冻土，43 (6):1718-1731

刘黎平，周淼，2016. 垂直指向的 Ka 波段云雷达观测的 0 ℃层亮带自动识别及亮带的特征分析[J]. 高原气 象，35(3):734-744.

彭亮，陈洪滨，李柏，2011. 模糊逻辑法在 3 mm 云雷达反演云中水凝物粒子相态中的应用[J]. 遥感技术与应 用，26(5):655-663.

苏德斌，焦热光，吕达仁，2012. 一次带有雷电现象的冬季雪暴中尺度探测分析[J]. 气象，38(2):204-209.

唐仁茂，李德俊，向玉春，等，2012. 地基微波辐射计对咸宁一次冰雹天气过程的监测分析[J]. 气象学报，70 (4):806-813.

田野，刘旭林，于永涛，等，2022. 北京城区大气边界层高度的反演研究[J]. 气象科技，50(1):9-20.

王春红，谭艳梅，王清平，等，2022. 多种资料在乌鲁木齐机场浓雾天气监测预报中的运用[J]. 民航学报，6 (1):60-64＋55.

王德旺，刘黎平，等，2015. 基于模糊逻辑的大气云粒子相态反演和效果分析[J]. 气象，41(2):171-181.

王叶红，赖安伟，赵玉春，2010. 地基微波辐射计资料同化对一次特大暴雨过程影响的数值试验研究[J]. 暴雨灾害,29(3):201-207.

肖艳姣,刘黎平,李中华,等,2010. 雷达反射率因子数据中的亮副自动识别和抑制[J]. 高原气象,29(1):197-205.

徐继伟,2020. 气溶胶和水云宏微观参数的激光与微波联合遥感反演[D]. 合肥:中国科学技术大学.

许皓琳,郑佳锋,张杰,等,2021. 昆明机场两类雷暴的温湿量演变特征研究[J]. 暴雨灾害,40(5):541-548.

张北斗,黄建平,郭杨,等,2015. 地基12通道微波辐射计反演大气温湿廓线及估算雷达路径积分衰减[J]. 兰州大学学报(自然科学),51(2):193-201.

郑祚芳,刘红燕,张秀丽,2009. 局地强对流天气分析中非常规探测资料应用[J]. 气象科技,37(2):6.

钟正宇,马舒庆,杨玲,等,2018. 结合风廓线雷达的毫米波衰减特性初步研究[J]. 应用气象学报,29(4):496-504.

仲凌志,2009. 毫米波测云雷达系统的定标和探测能力分析及其在反演云微物理参数中的初步研究[D]. 北京:中国气象科学研究院.

BENJAIN S G, DEVENYI D, WEYGANDT S S, et al,2004. An hourly assimilation-forecast cycle: The RUC[J]. Mon Wea Rev, 132(2):495-518.

BOUTTIER F,2001. The use of profiler data at ECMWF[J]. Meteor Z,10(6):497-510.

ECKLUND W L, CARTER D A, BALSLEY B B,1990. Field tests of a lower tropospheric wind profiler[J]. Radio science,25(5):899-906.

FOX N I,ILLINGWORTH A J,1997. The retrieval of stratocumulus cloud properties by ground-based cloud radar[J]. Appl Meteor,36(5):485-492.

FRISCH A S,FAIRALL C W,SNIDER J B,1995. Measurement of stratus cloud and drizzle parameters in AS-TEX with a Kα-band Doppler radar and a microwave radiometer[J]. Atmos Sci,52(16):2788-2799.

FRISCH A S,FEINGOLD G,FAIRALL C W,et al,1998. On cloud radar and microwave radiometer measure-ments of stratus cloud liquid water profiles[J]. Geophys Res:Atmospheres,103(D18):23195-23197.

FRISCH A S,MARTNER B E,DJALALOVA I,et al,2000. Comparison of radar/radiometer retrievals of stra-tus cloud liquid-water content profiles with in situ measurements by aircraft[J]. Geophys Res:Atmos-pheres,105(D12):15361-15364.

ICAO,1993. Manual of the ICAO standard atmosphere,Doc 7488/3(3rd ed.). International Civil Aviation Organisation,Monteral.

IWASAKA Y,HAYASHIDA S,1981. The effects of the volcanic eruption of St. Helens on the polarization propeted of stratospheric aerosols. lidar measurement at Nagoya[J]. Journal of the Meteorological society of Japan Ser Ⅱ,59(4):611-614.

GAGE K S,MCAFEE J R,CARTER D A,1993. Wind profiler yields observations of ENSO signal[J]. Eos,Transactions American Geophysical Union,74(12):137-142.

JONES J,GUEROVA G,DOUŠA J,et al,2020. Advanced GNSS tropospheric products for monitoring se-vere weather events and climate,COST Action ES1206 Final Action Dissemination Report,577pp.

KESTIN J,SENGERS J V,KAMGAR-PARSI B,et al,1984. Thermophysical properties of fluid H_2O[J]. Journal of physical and Chemical Reference Data,13(1):175-183.

MILES N L,VERLINDE J,CLOTHIAUX E E,2000. Cloud droplet size distributions in low-level stratiform clouds[J]. Atmos Sci,57(2):295-311.

NASTROM G D,VANZANDT T E,2001. Seasonal variability of the lbserved vertiacl wave number spectra of wind and temperatare and the effects of prewhitening[J]. Joural of Geophysical Research. Biogeosciences. 106(D13):278-292.

REMILLARD J,KOLLIAS P,SZYRMER W,2013. Radar-radiometer retrievals of cloud number concentration and dispersion parameter in nondrizzling marine stratocumulus[J]. Atmospheric Measurement Techniques,6 (7):1817-1828.

SASSEN K,DODD G C,1982. Lidar cross over function and misalignment effects[J]. Applied Optics,21(17): 3162-3165.

SAUVAGEOT H,OMAR J,1987. Radar reflectivity of cumulus clouds[J]. Atmos Ocean Technol,4(2) : 264- 272.

SCHOTLAND R M,SASSEN K,STONE R,1971. Observations by lidar of linear depolarization ratios for hy-drometers[J]. Journal of Applied Meteorology,10(5):1011-1017.

STULL R, 2015. Meteorology for Scientists and Engineers (Third Edition), The University of British Colum-bia, Vancouver, Canada, 924pp.

TEUNISSEN P J G,MONTENBRUCK O,2017. Handbook of Global Navigation Satellite Systems,Cham: Springer:1-1327.

附录 数据处理方法 *

附录 A 风速、风向、垂直风产品反演方法

由风廓线仪的径向 RAD 数据生成风垂直廓线产品(实时/半小时/一小时产品),算法包括 RAD 数据时间积累、单时次计算风 U、V、W 分量,计算水平风等。

(1)RAD 数据时间积累

①实时风垂直产品时间分辨率为 6 min,规定时间为 00 分、06 分、12 分……RAD 数据时间积累段为规定时间向前推 18 min,在时段内的 RAD 数据进行积累;

②半小时风垂直廓线产品时间分辨率为 30 min,规定时间为 00 分、30 分,RAD 数据时间积累段为规定时间向前向后各推 15 min,在时段内的 RAD 数据进行积累;

③一小时风垂直廓线产品时间分辨率为 60 min,规定时间为 00 分,RAD 数据时间积累段为规定时间向前向后各推 30 min,在时段内的 RAD 数据进行积累。

注:为使积累时段数据尽量到报,实际开始积累时间推迟 5 min,也就是实时产品滞后约 5 min,半小时产品滞后 20 min,小时产品滞后 35 min(未考虑计算时间)。

(2)单时次计算风 U、V 分量

当五波束径向速度值都有效时,用式(A. 1)~(A. 4)计算 U_E、U_W、V_S、V_N,即东、西、南、北水平速度分量,再利用式(A. 5)和(A. 6)计算水平风 U、V 分量。

$$U_E = \frac{-V_{RE} + V_{RZ}\cos\theta}{\sin\theta} \tag{A. 1}$$

$$U_W = \frac{V_{RW} - V_{RZ}\cos\theta}{\sin\theta} \tag{A. 2}$$

$$V_S = \frac{V_{RS} - V_{RZ}\cos\theta}{\sin\theta} \tag{A. 3}$$

$$V_N = \frac{-V_{RN} - V_{RZ}\cos\theta}{\sin\theta} \tag{A. 4}$$

$$U = \frac{U_E - U_W}{2} \tag{A. 5}$$

$$V = \frac{V_S - V_N}{2} \tag{A. 6}$$

当五波束径向速度值有四个有效时,利用式(A. 7)、(A. 8)结合式(A. 1)~(A. 6),计算水平风 U、V 分量。

---

* 附录出处:《地基遥感垂直气象观测业务管理规定(2024 版)》气测函〔2024〕14 号。

$$U = \frac{-V_{RE} + V_{RW}}{2\sin\theta} \tag{A.7}$$

$$V = \frac{V_{RS} - V_{RN}}{2\sin\theta} \tag{A.8}$$

当五波束径向速度值三个有效时,利用三波束原理结合式(A.1)～(A.4),计算水平风 U、V 分量。

(3)计算水平风

利用式(A.9)、(A.10)计算水平风速和风向,公式(A.11)计算垂直速度。

$$V_H = \overline{U}\sin\varphi + \overline{V}\cos\varphi \tag{A.9}$$

$$\varphi = \arctan\frac{\overline{U}}{\overline{V}} \tag{A.10}$$

$$W_V = \overline{W} \tag{A.11}$$

式中: $\overline{U}$、$\overline{V}$、$\overline{W}$ 为经过时间一致性平均后的各分量值; V_H 为水平风速; φ 为水平风向; W_V 为垂直速度。

附录 B 云产品反演方法

毫米波测云仪利用观测基数据,对含有云层的廓线进行云体识别提取,并对多层云体进行合理的合并处理,提取每层云体的上边界作为云顶高度,云体的下边界作为云底高度。

利用毫米波测云仪连续观测的不同时刻的回波强度廓线(回波强度的高度-时间数据),采用类似的单体分块跟踪方法(SCIT),对时间-高度坐标系表示的云体回波强度数据进行分块处理后,再做云高、云厚的计算。

(1)云层粗检

按照有效观测数据和无效观测数据进行数据在垂直方向上的分割,依据雷达反射率因子(dBz),沿着垂直方向对云层进行粗检测,如上升下降沿检测,无云变有云为云底,有云变无云为云顶等,依此提取粗检测的云底、云顶位置。

(2)云层质控

去除较薄的云层,并填补数据空洞。设置最小云厚度阈值为 H_{min},将大于此厚度的云层识别为云分段。同时设定最小云间隔阈值为 Gap,来判断这一云分段与上、下云段是否为一个云团,合并两个云分段的间隔小于这个阈值的云分段。

(3)云高、云厚计算

在时间上进行相邻云端的合并,最终形成时间-高度坐标上的两维云分块,同时,剔除持续时间短的云块。云顶和云底定义为云分块的上边界和下边界高度的平均值,并据此计算云厚。

附录 C　温、湿廓线产品处理方法

采用神经网络算法反演温、湿度廓线，该算法流程包括下行辐射亮温模拟、反演模型构建、温湿度廓线反演。

（1）下行辐射亮温模拟

构建温、湿度反演的 BP 神经网络模型需要大量的地基微波辐射计观测数据，但对于新建的地基微波辐射计实测数据有限，通常的做法是以当地长序列温、湿层结数据（如探空资料、EC 再分析资料）作为输入，利用辐射传输模式模拟探空资料对应的微波辐射亮温。

对于平面平行大气来说，散射是可忽略的，指向天顶观测的地基微波辐射计所接收到的大气下行辐射亮温计算公式为：

$$T_{B\lambda}(0) = \int_0^\infty k_\lambda(z)T(z)\tau_\lambda(0,z)\mathrm{d}z + T_B(\infty)\tau_\lambda(0,\infty) \tag{C.1}$$

式中：$\tau_\lambda(0,z) = \exp\left\{-\int_0^z k_\lambda(z')\mathrm{d}z'\right\}$ 是波长为 λ 时从高度 z 处到地基微波辐射计天线处的大气层透过率；$k_\lambda(z)$ 为大气的体积吸收系数；$T(z)$ 为大气温度层结；$T_B(\infty)$ 为宇宙背景的辐射亮温，约为 2.7 K；$\tau_\lambda(0,\infty)$ 为整层大气透过率。

（2）反演模型构建

针对大气温度、相对湿度和水汽密度，分别建立 BP 神经网络反演模型（图 C.1）。

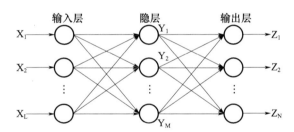

图 C.1　BP 神经网络算法模型

模型训练的输入样本为下行辐射亮温（即上面的（1））模拟得到的下行辐射亮温、地面温度、地面相对湿度和地面气压，模型的输出数据为对应的温度或湿廓线。

对 BP 神经网络层数、训练输入神经元节点数、训练输出神经元节点数、神经网络隐含层节点数、神经网络传输函数、训练方法及其他训练参数进行设定。其中，从输入层传输至隐含层的转移函数选择双曲正切 S 型转移函数 tansig，其表达式为：

$$\mathrm{tansig}(n) = \frac{2}{1+\exp(-2n)} - 1 \tag{C.2}$$

故隐层各神经元 Y_j 与输入层神经元 X_i 的关系公式为：

$$Y_j = \mathrm{tansig}\left(\sum_{i=1}^L w_{ij} X_i + b_j\right) \tag{C.3}$$

式中：X_i 为输入层的第 i 个神经元，Y_j 为隐层第 j 个神经元，w_{ij} 为第 i 个输入神经元传输至第 j 个隐层神经元的权重，b_j 则为第 j 个隐层神经元的偏差。

从隐层传输到输出层的转移函数选取线性转移函数 purelin，即二者为线性关系，则输出层各神经元Z_k与隐层各神经元Y_j的关系可表示为：

$$Z_k = \sum_{i=1}^{M} w_{jk} Y_j + b_k \qquad \text{(C. 4)}$$

式中：Z_k为第k个输出层神经元，w_{jk}为第j个隐层神经元传输至第k个输出神经元的权重，b_k为第k个输出神经元的偏差。

训练神经网络的函数为trainlm，即Levenberg-Marquardt BP训练函数，神经网络中的权重和偏差参量就是在训练过程中确定的，通过反复地校正权重和偏差来减小实际输出和给定输出的差别，直至差值满足设定最小误差训练方可停止，神经网络需长时间反复训练，但训练完毕后可在反演计算时直接调用该网络，得到反演结果。

为更好地分析云物理参量对反演湿度廓线的影响，可以固定其他参量，将云底高度和云厚度以输入的形式加入到BP神经网络反演中，增加训练神经网络的信息，从而提高湿度廓线产品的精度。

（3）温、湿度廓线反演

将地基微波辐射计各通道质控后的观测亮温数据和地面温、湿、压数据，以及云雷达云高、云厚产品作为模型输入，反演得到温度、湿度、水汽密度廓线产品。

附录 D 气溶胶廓线产品处理方法

气溶胶激光观测仪（三波长）的数据接收通道包括：355 nm 米散射水平、355 nm 米散射垂直、532 nm 米散射水平、532 nm 米散射垂直、1064 nm 米散射、386 nm 氮分子拉曼散射、407 nm 水汽分子拉曼散射、607 nm 氮分子拉曼散射共 8 个通道。利用不同通道数据结合可以获得多种气溶胶廓线产品。

激光雷达数据通过质量控制后判断数据质量是否达标，达标数据进行数据质量分级，未达标数据标识并剔除，数据质量分级后便可采用自动反演算法进行反演。主要包括数据预处理、云产品反演、气溶胶光学参数反演、气溶胶微物理参数反演。

（1）数据预处理

根据激光雷达方程可知，雷达接收的回波信号强度与探测距离成反比，因此将回波信号乘以距离平方作为距离平方修正信号，即 RCS。

（2）云产品反演

根据质量控制中气溶胶和云分类评分结果，对含有云层的廓线，提取云层边界高度作为云底高，并给出该廓线的云层数。

（3）气溶胶光学参数反演

根据质量控制中气溶胶和云分类评分结果，对评分为气溶胶的廓线进行气溶胶反演后向散射系数、消光系数、退偏振比等产品。利用 3 个波长的米散射通道信号，基于 Klett 反演算法，利用分子信号自动拟合寻找最佳参考高度，以及假定激光雷达比的情况下，分别反演 3 个波长的气溶胶后向散射系数及消光系数；利用 386 nm 和 607 nm 的氮分子拉曼信号及对应波长的米散射信号，基于拉曼反演算法，无需假定激光雷达比，分别反演 355 nm 和 532 nm 的气溶胶后向散射系数、消光系数、激光雷达比等参数；利用垂直通道和水平通道的气溶胶后向散射系数之比可计算气溶胶退偏振比；还可利用水汽拉曼和氮气拉曼通道数据反演水汽混合比廓线。

（4）气溶胶微物理参数反演

基于气溶胶激光雷达获取的 1 级产品，即 355 nm、532 nm 和 1064 nm 的气溶胶后向散射系数（β），以及 355 nm 和 532 nm 的气溶胶消光系数（α），常称为 $3\beta + 2\alpha$，利用气溶胶微物理参数反演算法，反演颗粒物浓度，如 $PM_{2.5}$ 和 PM_{10} 浓度等产品。